U0348308

稻田生态服务功能
及生态补偿机制研究

方福平　冯金飞　李凤博　著

中国农业科学技术出版社

图书在版编目（CIP）数据

稻田生态服务功能及生态补偿机制研究 / 方福平，冯金飞，李凤博著 . — 北京：中国农业科学技术出版社，2019.12
ISBN 978-7-5116-4549-4

Ⅰ.①稻… Ⅱ.①方… ②冯… ③李… Ⅲ.①稻田—生态系统—服务功能—研究—中国②稻田—生态系统—补偿机制—研究—中国 Ⅳ.① S511

中国版本图书馆 CIP 数据核字（2019）第 280640 号

责任编辑	于建慧
责任校对	贾海霞
出 版 者	中国农业科学技术出版社
	北京市中关村南大街 12 号 邮编：100081
电 话	（010）82109708（编辑室）（010）82109702（发行部）
	（010）82109709（读者服务部）
传 真	（010）82106629
网 址	http://www.CASTP.cn
经 销 者	各地新华书店
印 刷 者	北京建宏印刷有限公司
开 本	710mm × 1 000mm 1 /16
印 张	13
字 数	203 千字
版 次	2019 年 12 月第 1 版 2019 年 12 月第 1 次印刷
定 价	68.00 元

缩　写

FAO	联合国粮农组织	C	碳
IPCC	联合国政府间气候变化专门委员会	N	氮
LCA	生命周期法	NH_3	氨气
DEM	数字高程模型	N_2O	氧化亚氮
CVM	条件价值法	GHG	温室气体
ESV	生态系统服务价值	O_2	氧气
ES	生态系统服务功能	SOC	土壤有机碳
CH_4	甲烷	TN	总氮
CO_2	二氧化碳		

前　言

　　稻田生态系统是我国最重要的农田生态系统之一。除了承载粮食生产及原材料供给功能之外，稻田生态系统还为人类社会提供了重要的生态服务功能，如调温、固碳、释氧、蓄水、固尘等。随着生态环境恶化、资源短缺加剧，稻田系统生态服务功能对人类社会可持续发展的作用日益重要。科学评价、深入提升稻田生态系统服务功能价值，对促进水稻绿色高质量发展具有重要意义。

　　近 40 年来，随着水稻生产的不断发展，稻作技术也经历了多次变革。从 20 世纪 80 年代开始，水稻育秧技术逐渐由水育秧发展到湿润育秧、旱育秧，水稻栽种技术逐渐由传统的人工移栽发展到直播、抛秧、机插秧等为主的多样化方式。这些技术的发展必然会影响稻田系统的生态功能。以往关于我国稻田生态系统服务价值的研究多集中在现状评价，而对其结构特征、历史变迁和影响因素缺乏深入的量化研究。在政策方面，目前主要针对稻田的粮食生产对农户进行了经济补贴。然而，稻农作为稻田生态系统的保护者和改善者，由稻田生态系统所产生的巨大的公共物品属性的生态服务功能没有得到价值体现。以往对生态补偿的研究大多集中在森林、草地、湿地、流域、水源地、矿山开发、生物多样性保护、自然保护区等领域，对稻田生态服务功能的补偿机制尚缺乏系统深入的研究。

　　鉴于此，在国家自然科学基金项目"水稻生态补偿机制研究（70973143）"、国家"863"计划子课题"绿色超级稻种植系统技术经济评价"、农业农村部财政专项"稻谷产需形式分析及宏观扶持政策研究"、浙江省自然科学基金项目"浙江省梯田水稻生态补偿机制研究"等项目的资助下，围绕我国稻田生态价值评估方法、历史发展、影响因素、生态补偿机制与政策等开展了系统的研究。因此，本书是近 10 年来课题组相关项目研究的成果综合和集成。

全书共分为 8 章，第 1 章概述了稻田生态服务功能的概念、内涵、量化评价方法及主要影响因素；第 2 章介绍课题组综合了近 40 年的稻田试验观测数据、生产数据以及气象数据，对我国稻田生态服务价值的总量、结构、强度和空间分布所做的量化评价；第 3 章阐述了课题组通过专家调查和情景模拟，重点分析了近 40 年来我国主要稻作技术的发展对稻田生态服务价值的影响；第 4 章重点论述了水稻季气候变化对稻田生态服务价值的影响；第 5 章则着重论述了我国水稻种植格局的变化对稻田生态服务价值的影响；第 6 章介绍了课题组重点围绕梯田、稻鱼共作稻田、城市周边等特色稻田生态系统的生态服务价值及补偿机制开展的定量研究；第 7 章则重点介绍针对稻田的环境效应，通过 Meta 分析、农户调查以及实地取样等方法对稻田温室气体排放、碳氮足迹等进行的实证研究；第 8 章重点阐述从宏观政策和长效机制角度，对稻田生态补偿范围、标准、激励机制以及政策途径所做的深入探讨。

本书是课题组全体科研人员和研究生工作的智慧结晶，是大家齐心协力、勤耕不辍的具体体现。作为主编，本人对大家的辛勤付出表示衷心感谢。同时，感谢国家自然科学基金、国家"863"计划、国家重点研发计划以及农业农村部、浙江省相关项目大力资助，感谢中国农业科学院科技创新工程稳定支持！此外，本书部分章节也引用了不同领域学者与专家的观点，我们一并表示衷心感谢！

受时间和水平等限制，加上稻田生态系统服务功能多、内涵广、过程复杂，涉及多个学科领域，书中难免存在错漏之处，敬请读者指正。

方福平

2019 年 10 月 21 日

目　录

第1章

稻田生态服务功能内涵及其评价方法

国以民为本，民以食为天。粮食安全始终是经济发展、社会稳定和国家自立的基础，是关系全局的重大战略问题。改革开放以来，我国粮食生产能力持续增强，总产量不断迈上新台阶，粮食安全形势总体较好。但随着工业化、城镇化快速推进，人口持续增加，我国粮食需求仍呈刚性增长趋势，同时，耕地、水资源日趋紧张，粮食安全形势仍然非常严峻。

党中央始终把粮食安全作为治国理政的头等大事。2013年，中央经济工作会议提出了"以我为主、立足国内、确保产能、适度进口、科技支撑"的国家粮食安全新战略，强调要"确保谷物基本自给，口粮绝对安全"。2018年，我国粮食总产量达到 $65\,789.2 \times 10^4$ t，连续7年稳定在 $60\,000 \times 10^4$ t 以上水平，比1978年增产 $35\,312.7 \times 10^4$ t，增幅达到115.9%，对保障国家粮食安全和社会稳定具有重要意义。

我国是世界上最大的稻米生产国和消费国，年均稻谷产量和消费量均占世界的近三成，全国60%以上居民以稻米为口粮，水稻生产事关国家粮食安全。2018年，全国水稻种植面积 $3\,018.9 \times 10^4$ hm^2、产量 $21\,212.9 \times 10^4$ t，分别占粮食面积和产量的25.8%和32.2%。近年来，随着工业化和城镇化进程加快，工业污染、化肥和农药的过量使用、有机肥用量减少以及人为因素破坏农田物质循环导致我国农村生态环境不断恶化（任景明等，2009）。同时，随着社会经济的发展和人民生活水平不断提高，人们的食物结构发生了改变，更加注重营养和品质，对稻谷的需求由数量型逐步向质量型转变，对稻米质量提出更高要求。

党的十八大报告首次将社会主义生态文明建设列入中国特色社会主义

建设"五位一体"的总体布局，强调大力推进生态文明建设。2015 年 4 月，中共中央、国务院印发《关于加快推进生态文明建设的意见》。同年 9 月，《生态文明体制改革总体方案》公布，自然资源资产产权制度、国土空间开发保护制度、资源有偿使用和生态补偿制度等 8 项制度成为生态文明制度体系的顶层设计。2018 年中央一号文件《关于实施乡村振兴战略的意见》，再次明确提出建立市场化多元化生态补偿机制。这些都为我国稻田生态补偿制度建立和相关政策制定奠定了良好基础。

稻田生态系统是由稻田生物系统、环境系统和人为调节系统组成的人工—自然复合生态系统，它不仅具有农田生态系统的全部特征，也具有湿地生态系统的部分功能。稻田系统生态服务包括秸秆和稻谷等初级产品供给功能和气体调节、养分涵养、有机物质形成和积累、水源涵养、调蓄洪水、降温、侵蚀控制、环境净化、观光休闲等其他生态服务功能（李凤博等，2009；Lv et al., 2010），其优良的自然资源禀赋、集约化投入、高复种指数、多样化的种植制度和大规模的水稻种植使得稻田生态系统服务呈现显著性和广泛性等特点（Lv et al., 2010）。同时，水稻在生产过程中会通过地下渗漏、地表径流、氨挥发等途径，对周边环境造成污染；稻田也是温室气体的重要排放源。可见，稻田生态系统对人类社会的影响具有复杂性，既产生有利影响，同时也会造成损失。因此，科学地评价稻田生态系统服务功能及其价值，对水稻生产的健康发展具有重要意义。

目前，国内外关于稻田生态系统服务功能的研究，主要集中在生态服务功能的内涵、分类、评价方法及其对全国、特定区域、不同种植模式等尺度下的稻田生态系统的单一或某些生态服务功能及其价值进行评估（Xiao et al., 2005a；肖玉，2005b；Kim et al., 2006；Matsuno et al., 2006；Yoshikawa et al., 2010；Zhang et al., 2010；Xiao et al., 2011；王淑彬等，2011）。从目前国内外的研究现状来看，虽然研究人员已经注意到稻田生态系统服务功能的重要性，并对服务功能形成及其作用机制进行了研究（肖玉，2005b；肖玉等，2005；Anan et al., 2007），但对稻田生态服务功能变化的驱动因素尚缺乏深入的研究。本研究对稻田生态功能历史演变过程及其影响因素进行深入探讨，同时准确地评估我国稻田生态服务功能经济价值，为提高稻田生态系统服务功能及制定生态管理措施提供科学依据和理论支持。

由于稻田生态系统服务具有外部性特点，导致稻田生态系统提供的部分服务无法进入市场进行交易（Wossink and Swinton，2007），这些服务尽管对每个社会成员都很重要，但由于市场低估或无法反映其价值，使其在生产活动中被无偿使用，即农民的保护行为与受益者之间形成不公平分配，导致受益者无偿占有生态效益，而农民得不到应有的补偿，生态保护与经济利益关系扭曲。稻田生态系统生产中的正外部性激励政策缺位，稻农保护生态环境放弃发展机会，而不能获取相应的补偿，引发"效率"与"公平"矛盾突出。因此，必须建立生态补偿机制，以调整利益相关方利益的分配，促进生态环境保护，确保城乡、地区、群体和代际的公平性和高效性。通过生态补偿手段调控农民改变生产方式，采用环境友好型生产技术，保障农产品质量安全及水稻生产可持续发展。本研究在深入探讨稻田生态服务功能及其价值演变、驱动因素的基础上，构建稻田生态补偿机制。

1.1 稻田生态服务功能概念及内涵

"生态系统服务功能"（Ecosystem service），由生态学家在 20 世纪 90 年代提出。生态服务功能包括物质生产，如食物、牧草、生物燃料、药材、工业原料等，以及生命支撑功能，如土壤形成及肥力更新、植物（异花）授粉、病虫害控制、物种多样性、紫外线过滤、净化功能、废弃物去毒与分解、缓解异常气候和美感享受等（王欧和宋洪远，2005）。

农业生态系统是典型的人工—自然复合生态系统。它包括物质供给及气体调节、气候调节、涵养水源、水土保持、废弃物处理等环境服务功能（袁伟玲和曹凑贵，2007）。稻田生态系统是农业生态系统的重要组成部分，因此，稻田生态系统具有农业生态系统普遍存在的各种服务功能，如支持功能、调节功能、生产功能及信息功能等（Zhang et al.，2007b）。同时，稻田生态系统以其特殊的生产环境——水田使得其具备的部分湿地生态系统的服务功能更加突出，如温度调节、湿度调节、含蓄水源、水质净化等（Pretty，2004）。稻田生态系统除具有正的外部性服务功能外，还会产生负外部性。由于稻田生态系统是一个高投入产出、集约化生产的开放式生态系统（Lv et al., 2010），加之农民追求利润的最大化，导致稻田生态系统对其自身及其他生态系统产生负的外部性影响，如土壤退化、养分流失、天敌栖息地变化、非目标物种的农药中毒、稻田周边河流富营养化、秸秆焚烧带来的大气污染、温室气体排放等（Zhang et al., 2007b；Posthumus et al., 2010）。从市场交易的角度看，稻田生态系统服务功能可以分为两大类，一类是可进行市场交易的服务，即供给服务，主要包括生产稻谷、秸秆等；另一类是不可进行市场交易的服务，如土壤结构与营养、作物授粉、水供给和净化、基因多样性、营养物质循环、病虫害自然防治、大气调节等（Zhang et al., 2007b）。

1.2　稻田生态系统服务功能及其评估方法

稻田是地球上最大的人工湿地生态系统，具有强大的生态服务功能。稻田生态系统是由稻田生物系统、环境系统和人为调节控制系统三部分组成的复合系统，具有波动性、多样性、脆弱性、人为性、开放性和社会经济性等特点，决定了其服务功能的复杂性和特殊性（陈丹等，2005）。总的来说，稻田生态系统服务功能主要表现在以下七个方面。

1.2.1　产品供给功能

水稻是我国最主要的粮食作物，产量占全球稻谷总产的1/4以上。2018年，我国水稻种植面积和产量约占全国粮食面积和总产的1/4和1/3，在国民经济中占有极其重要的地位。除生产稻谷外，稻田生态系统还能供给稻秸（稻草）、稻壳和米糠等。这些副产品在工农业生产中具有广泛用途：稻草用于酿酒、造纸，或编织手工艺品，还能做饲料、燃料和肥料；稻壳用于生产糠醛、醋酸、焦油添加剂、吸附剂和燃料；米糠生产米糠油和谷维素和饲料；米胚可用于提炼胚芽油。可见，水稻为人类的生产生活提供了丰富的产品。

1.2.2 固碳功能

农田生态系统通过光合作用固定太阳能，将二氧化碳（CO_2）等物质转化为有机质，增加生物量。农业土壤碳储量达全球碳储存总量的 8%~10%（李长生，2000）。此外，人类可采取调整种植制度、耕作制度、施肥、改变水分类型、秸秆还田等农作措施来增加农田土壤的碳汇。

在稻田生态系统中，水稻通过光合作用将太阳能转换为生物能，并在此过程中固定 CO_2、释放氧气（O_2）（潘瑞炽，2001）。据潘根兴等（2008）报道水稻土不仅有机碳含量高，且固碳潜力大。许多学者利用第二次全国土壤普查资料估算了我国水稻土有机碳密度和数量。Pan et al.（2003）研究表明，我国稻田土壤有机碳密度在 $12~226t\ C/hm^2$，土壤表层土壤有机碳储存量为 1.3Pg，其中，土壤耕层、犁底层储量分别为 0.85Pg 和 0.45Pg，约占全国总土壤碳库的 4%，而水田面积只占全国总面积的 3.4%。Xie et al.（2007）估算结果表明，1980—2000 年我国表层水稻土土壤有机碳密度平均为 $97.6t/hm^2$，较旱地土壤高 13%。据许泉（2006）等研究，华东地区每公顷稻田土壤可多固定 11.7t C。以此类推，2015 年，全国水稻种植面积 $2\ 449.78 \times 10^4\ hm^2$ 计算，如果将这些水田改为旱地，则要减少固定 $3.396 \times 10^8\ t\ C$。欧阳志云等（1999）估计我国农田生态系统固碳的量为 $17.1 \times 10^8\ t/hm^2$，其经济价值为 $3\ 510 \times 10^8\ yuan/hm^2$。肖玉等（2004）研究认为，稻田固碳的变化范围 $6\ 100~11\ 790\ kg\ C/hm^2$。

根据光合作用反应式比例，植物每生产 1g 干物质能固定 1.63g CO_2，根据替代价值法，一般参照碳税法（1.245 yuan/kg）或造林法（0.352 9 yuan/kg）估算释放 O_2 的价值。肖玉等（2004）评估了不同施肥量下 CO_2 固定价值量，研究结果表明，稻田生态系统吸收 CO_2 的价值量随着施氮量的增加逐渐增加，当施氮量超过一定水平，稻田吸收 CO_2 价值量下降，价值量的变化范围为 $2.26 \times 10^3~3.50 \times 10^3\ yuan/hm^2$。李凤博等（2011）运用造林成本法估算茗岙乡和昆阳乡稻田生态系统 CO_2 固定价值，分别为 1.56×10^6 yuan/year 和 2.07×10^6 yuan/year。

1.2.3 制氧功能

光合作用是太阳能进入农田生态系统的最主要途径，呼吸作用是维持生存的生命活动。光合作用和呼吸作用是农田生态系统存在的生命基础，也是农田生态系统服务功能形成的基础，两者不仅共同决定了系统提供农产品及其副产品的量，还决定了田间植物吸收 CO_2 和释放 O_2 的量，对调节气体组成和气候具有重要影响（尹飞等，2006）。气体调节功能是稻田生态系统进行水稻生产过程中所产生的一项重要功能。绿色植物通过光合作用固定 CO_2、释放 O_2，维持地球生态系统的大气平衡。张卫建等（2007）的研究结果表明，每公顷水稻可以固定 31.5 t CO_2，生产 22.95 t O_2。

根据光合作用反应式，植物每生产 1g 干物质能固定 1.63g CO_2，释放 1.19g O_2。根据替代价值法，一般参照工业制氧法（0.4yuan/kg）或造林法（0.352 9yuan /kg）估算释放 O_2 的价值。肖玉等（2004）运用工业制氧成本和造林成本法核算了稻田生态系统释放 O_2 的价值，结果表明，当施氮量从 0 增加到 525kg/hm^2 时，稻田生态释放 O_2 的价值从 6.22×10^3 yuan/hm^2 增加到 11.87×10^3 yuan/hm^2。李凤博等（2011）运用工业制氧成本法估算茗岙乡和昆阳乡稻田生态系统 O_2 释放价值，分别为 1.76×10^6 yuan/year 和 2.34×10^6 yuan/year。

1.2.4 温度调节功能

稻田生态系统作为地球上最大的人工湿地，具有显著的调节区域气候的功能。由于稻田水层蒸发和水稻叶面蒸腾，吸收空气中的热量、降低周围温度，提高空气湿度，因而能有效调节稻田周边气温和湿度，改善人居环境小气候，特别是可以改善城市日益严重的"热岛效应"。水稻生长过程中，蒸腾蒸发能显著降低水田周边环境的温度。据报道，夏季水田蒸发量平均为 6mm/d，总蒸发量可达到 60m^3 /hm^2，蒸发引起的热通量可显著降低空气温度；在距离稻田170m的地方测量22h后，平均温度较水田高1.5℃（Kim et al., 2006）。陈清华（2010）研究了四湖地区稻田降温功能，研究结果显示，在水稻生长旺盛季节，蒸腾量可达到$1.9 \times 10^9 \sim 2.3 \times 10^9$kg，四湖地区水稻田在三种类型水稻生长季内，总吸收热量达到8.6×10^{11}kJ，降低了周围的温度，在缓解热岛效应上起到积极作用。稻田生态系统还可以直接降低因全球变暖而引起的区域性气温上升幅度（刘建栋等，2003）。湿地系统以其水体强大的热容量，对气温起到"天然空调"作用，稻田水面以上20cm的气温比旱地的气温低1.5℃多。张卫建等（2007）研究发现，我国湿地生态系统每年可控制温室气体价值为1 500yuan/hm²以上，分别为草地和旱地的2.5倍和4倍，在气候调控功能上相当于每年15 000 yuan/hm²以上，分别约为草地和旱地的2倍。

国内外学者对稻田温度调节生态价值进行了评估。陈清华（2010）运用替代价值法，估算了四湖地区稻田温度调节功能，2011年四湖地区稻田生态系统早稻、中稻、晚稻小气候调节价值分别为1.6×10^8 yuan、5.2×10^8 yuan和1.8×10^8yuan，总价值为8.6×10^8 yuan。中国台湾学者利用条件价值法评估了稻田降温价值，受访者对稻田夏季降温功能的平均支付意愿为138 dollar，合计降温价值为9.61×10^8 dollar（Huang et al., 2006）。印尼学者利用替代价值法评估稻田温度调节功能价值为426.3×10^4 dollar（Agus et al., 2006）。

1.2.5 防洪功能

水稻长期生长在水中，稻田田埂高度一般为20~30cm，就像微型水库或塘坝，可以储存人工灌溉及天然降水以保证水稻生长。在东南亚地区，水稻生育期与汛期同步，稻田成为汛期蓄洪、防洪的重要场所（Shimura, 1982；Nakanishi, 2004；Sujono, 2010）。稻田可以提高周边水渠的蓄水能力，缓解汛期河道洪峰压力。Shimura et al.,（1982）研究表明，日本稻田在汛期拦截洪水量达到8.1×10^8m³。Yoshikawa et al.（2010）最新模拟结果表明，在已知的最大洪峰期，稻田可使主要渠道洪峰降低26%，水位降低0.17m。

黄璜（1998）调查湖南省 6 月底至 7 月中旬利用水稻田可贮存 $53.4 \times 10^3 \mathrm{m}^3$ 的水资源，水稻田这一"隐形水库"的潜在功能已达到水库目前发挥功能 87.04%。可见，稻田生态系统具有重要的洪水控制功能。

从评价方法看，国内外学者大多采用影子工程法，即以修建水库工程及养护费用来核算稻田蓄洪价值（张燕和谷长叶，2004；Agus et al.，2006），部分学者结合水文数据构建评价模型及指数评估稻田生态系统洪水控制价值（Masumoto et al.，2006）。另有研究结合水稻种植区域的数字高程模型（DEM）图估算该区域水稻田的蓄洪量（Matsuno et al.，2006）。此外，条件价值法（CVM）也广泛应用于稻田生态服务价值的估算。

国内外学者对稻田洪水调控生态价值进行了评估。肖玉等（2005b）运用影子工程法评估了稻田蓄洪的价值为 $1\,891 \mathrm{yuan/hm}^2$；谢宁宁研究了武汉市稻田调蓄洪水的经济价值，以稻田田埂高度 20cm 计，假设在水稻生长期间稻田田面水深度保持在 5cm，稻田生态系统可蓄水 15cm，其经济价值为 $2\,265 \mathrm{yuan/hm}^2$（谢宁宁，2008）；陈清华等（2010）估算了四湖地区稻田调蓄洪水价值，每公顷水稻田蓄水价值可达到 10 000yuan；Agus et al.（2006）利用替代成本法研究了印尼稻田洪水控制价值，估算结果为每年稻田蓄水价值可达到 $1\,810.5 \times 10^4 \mathrm{dollar}$。

1.2.6 温室气体排放

水稻长期生长过程中处于还原性厌氧的环境，形成土壤中特殊的微生物群落（Kögel–Knabner et al.，2010），导致稻田向大气环境排放大量的温室气体，如 CO_2、氧化亚氮（N_2O）和甲烷（CH_4）等（Wassmann et al., 1993；王明星，2001），引起全球气候变化、大气污染等。稻田 CH_4 排放是厌氧土壤中 CH_4 产生、氧化和传输过程的净效应，稻田土壤还通过硝化、反硝化作用产生 N_2O，N_2O 由土壤向大气扩散的途径与 CH_4 相似（蔡祖聪等，2009）。稻田是全球温室气体的重要排放源之一。Yan et al.（2009）估计全球稻田 CH_4 排放量约 25.6Tg/yr。据 FAO 数据（FAOSTAT，2012），2010 年我国水稻生产 CH_4 排放量为 5.2Tg，占当年全球水稻生产 CH_4 总排放量的

22%，在主要水稻生产国中排放量最高。随着刚性消费需求的不断增加，这些粮食生产排放的温室气体也会不断增长。最新研究表明，为了满足日益增加的水稻消费需求，我国稻田 CH_4 年排放量到 2040 年将比 2009 年增加 14%（Zhang et al., 2011）。

肖玉（2005b）运用固定 CO_2 的造林成本法法评估上海五四农场稻田温室气体排放价值，结果表明，稻田 CH_4、N_2O 排放经济价值分别为 $-4114 yuan/hm^2$ 和 $-137 yuan/hm^2$。李凤博等（2011）运用价值替代法估算茗岙乡和昆阳乡稻田温室气体排放价值，分别为 $-8.14 \times 10^5 yuan/year$ 和 $-9.44 \times 10^5 yuan/year$。

1.2.7 化学污染

水稻生产过程中投入大量化肥农药，在提高稻谷产量的同时带来许多环境问题，部分 N 素以气态形式（NH_3、N_2O）进入大气（Yang and Chang, 1997；Zou et al., 2007；X. Yang et al., 2010；Shang et al., 2013），如 N、P 素及农药残留通过渗漏、地表径流等途径进入地下水、河流及稻田周边环境，导致水体富营养化及对渔业生产和人体健康造成不利影响（Zhu and Chen, 2002；Peng et al., 2006；Wang et al., 2014；Chen et al., 2015）。2014 年，中国稻田氮肥、磷肥折纯量平均投入量分别为 $125.55 kg/hm^2$ 和 $10.05 kg/hm^2$（国家发展和改革委员会价格司，2015），而随着水稻本田期的增加施肥量呈增加趋势。目前，我国稻田氮肥利用率仍较低。朱兆良（2008）估计我国农田化肥氮被作物吸收 35%、氨挥发 11%、表观硝化—反硝化占 34%、淋洗损失 2%、径流损失 5%。据全国环境统计公报（2012 年）报道，我国农业源氨氮排放量为 $80.6 \times 10^4 t$，占氨氮排放总量的 31.8%；农业源化学需氧量排放量 $1153.8 \times 10^4 t$，占化学需氧量排放总量的 47.6%。可见，农业生产的环境成本较高。

目前，国内学者针对化学污染的成本采取边际成本法（李季等，2001）、市场价值法、替代成本法（向平安等，2005）。李季等（2001）运用边际成本法估算了湖南和湖北两省水稻生产的环境成本，结果表明，两个省 1995

年的环境成本为（25~110）× 10^8 yuan，约占农业总产值的 1%~4.5%，并预测 2020 年将可能达到现有水平的 3 倍以上。向平安等（2005）评价了洞庭湖区农药污染、化肥污染、温室气体排放、地膜残留、稻田潜育化和围湖造田 6 方面环境成本，研究结果表明，该区 1999 年水稻生产的环境成本为 41.91 × 10^8 yuan，约占该区农业生产总值的 26.8%。

1.3 稻田生态服务功能的影响因素

1.3.1 稻作技术的影响

（1）稻作技术对稻田碳汇的影响 土壤有机碳是有机质输入与矿化分解相互平衡的结果。稻田生态系统土壤有机碳含量受农田管理措施的影响。有机碳的直接输入及增加有机碳输入的措施均能提高稻田有机碳含量。增加碳汇的措施主要包括有机肥的使用、秸秆还田、地下部生物量、保护性耕作、农田水分管理等（Lai，2009）。

现有研究结果表明，有机肥或有机肥与化肥配施均能增加土壤表层碳储量、提高土壤的固碳能力（李成芳等，2011；Wang，2015；李文军等，2015）。有机肥本身含有大量的有机质，而且有机肥可改善土壤质地、肥力，进而提高作物凋落物的自然还田，促进土壤有机质的提高（Abiven et al.，2009）。秸秆可以改善土壤结构，提高土壤有机碳含量。金琳等（2008）研究结果显示，秸秆还田和免耕可以显著提高土壤有机碳含量，秸秆还田增碳作用最大，每年为 0.597t/hm^2。Wang et al.（2015）研究结果表明，秸秆还田能显著提高早晚稻土壤表层有机碳含量。

土壤耕作措施对土壤固碳的影响研究结果不尽一致。国外学者研究结果表明，土壤耕作加速土壤有机质转换，降低土壤的团聚水平，可能会导致土壤有机碳的损失（Jastrow et al.，1996；Six et al.，1998）。而何莹莹等（2010）研究了不同耕作措施对双季稻稻田的固碳效应，结果显示与免耕相比，旋耕和翻耕更有利于 5~10cm 和 10~20cm 土层的有机碳和活性碳的积累。Xue et al.（2015）研究结果显示，旋耕+残茬还田处理表层土壤有机碳最高。

（2）稻作技术对温室气体排放的影响 水稻秧田期产生温室气体，不同育秧方式排放量各异。Liu et al.,（2012b）研究了中国东南部水育秧和湿润育秧两种模式下 CH_4 和 N_2O 排放量，结果显示水育秧处理 CH_4 和 N_2O 排放通量分别为 $10.33\sim14.84mg/（m^2 \cdot h）$ 和 $28.64\sim34.35\ ug/（m^2 \cdot h）$，湿润育秧处理分别较水育秧处理降低 14%~50% 和 72%~186%。Zhang et al.（2014）研究了水育秧、湿润育秧和旱育秧 3 种模式下 CH_4 和 N_2O 排放量，结果显示水旱轮作、早稻、晚稻种植模式下采用湿润育秧的 CH_4 排放量较水育秧分别降低 74.2%、72.1% 和 49.6%。单季稻、水旱轮作、双季早稻、双季晚稻模式下采用旱育秧 CH_4 排放量较水育秧分别降低了 99.2%、92.0%、99.0% 和 78.6%；不同种植模式下采用湿润育秧和旱育秧方式 N_2O 排放量分别较水育秧降低了 58.1%~134.1% 和 28.2%~332.7%。

作物种植方式也会影响农田温室气体排放。张岳芳等（2010）通过大田试验，比较了人工手插传统种植方式和机插秧对稻田 CH_4 和 N_2O 排放的影响。结果表明，与手插秧相比，机插处理下稻田 CH_4 排放总量增加了 14%，N_2O 排放总量减少了 11%。傅志强等（2009）比较了直播和移栽两种方式对稻田 CH_4 排放的影响，研究结果显示，早稻中超级稻和常规稻直播方式的单位稻谷 CH_4 排放量分别比移栽方式高 4.84 g/kg 和 3.48g/kg。这主要是因为直播稻的本田期要长于移栽稻。而移栽稻，在秧田期也会有显著的 CH_4 排放（Liu et al., 2012b）。国外学者也做了类似研究探讨不同种植方式对农田温室气体排放的影响。Singh et al.,（2009）比较了印度机插秧、手插秧和直播稻 3 种种植方式对稻田 CH_4 排放的影响，结果显示，手插秧 CH_4 排放通量最高，而直播稻 CH_4 排放通量最低。

施肥影响稻田温室气体（GHG）排放，肥料种类对 GHG 排放的影响不同。施用氮肥不仅可以提高稻谷产量，还可以直接影响稻田 GHG 排放（Zhang et al., 2014）。氮肥对稻田 GHG 排放的影响较复杂，不同肥料及施氮量与 GHG 排放关系存在较大差异。例如，与传统氮肥相比，缓释尿素可增加稻谷产量（Pasda et al., 2001），N_2O 排放量减少（Shoji et al., 2001；Wang et al., 2016）；同时，施氮肥量与 CH_4 排放关系存在争议，有研究发现，稻田 CH_4 排放量随着施氮量的增加而增加（Zhang et al., 2014a），但也有研究显示，稻田 CH_4 排放量随着施氮量的增加而降低（Cai et al., 1997）。氮肥对稻田 CH_4 排放的影响主要体现在 3 个方面：一是氮的施用促进水稻生长，增加水稻根系分泌物，为产甲烷菌提供前体基质；二是氮促进甲烷氧化细菌的生长和活性，从而减少 CH_4 的排放；三是施用氮肥后产生的铵离子（NH_4^+）会与 CH_4 竞争氧化，抑制 CH_4 氧化，增加 CH_4 排放（Schimel, 2000）。此外，秸秆还田和有机肥显著增加 CH_4 排放（蒋静艳等，2003；Ma et al., 2008；Yang et al., 2010）。

水分管理是影响稻田温室气体排放的重要农作措施。稻田淹水后，限制了大气中氧气向地下部的传送，为甲烷菌的生长和活性提供了必要条件；水分管理会影响土壤的好氧性，从而影响硝化作用和反硝化作用。大量田间监测结果显示，水稻生长季长期淹水有利于 CH_4 和 N_2O 的产生和排放，中期烤田或间歇性灌溉能显著减少 CH_4 排放量（袁伟玲等，2008a；彭世彰等，2013；Xu et al., 2015；Hou et al., 2016），但对 N_2O 排放影响结果不一致，有研究结果显示淹水—湿润间歇性灌溉和淹水—干湿交替处理 N_2O 排放量显著增加（Xu et al., 2015）。但也有研究显示，控制灌溉（CI）与传统灌溉对 N_2O 排放量影响不显著（Hou et al., 2016）。

土壤耕作通过改善土壤性状如容重、孔隙度等进而改善土壤化学及微生物状况。土壤耕作不直接作用于 CH_4 和 N_2O 的产生和排放过程，而是通过改善土壤理化性状、生物学过程直接或间接影响 GHG 排放。目前，耕作方式对稻田 CH_4 排放影响的报道结果并不一致。以往的研究普遍认为，免耕、旋耕 CH_4 排放量较传统旋耕低（成臣等，2015）。但也有研究发现，免耕不施肥显著提高了 CH_4 排放量，可能是因为免耕更好地维持了土壤温度和缺氧环境等条件，产生了更多的 CH_4（代光照等，2009）。耕作方式对 N_2O 排放的影响结果也不一致。有研究认为免耕和旋耕促进 N_2O 的排放（白小琳等，2010）。有研究表明，免耕和旋耕减少 N_2O 的排放，或影响不显著（成臣等，2015）。

（3）稻作技术对化学污染的影响　肥料种类、使用量及其施肥方式是影响稻田化学污染的主要因素。氨挥发是氮肥损失的重要途径之一。以往的研究普遍认为，随着施氮量的增加，氨挥发量增加呈指数增长，在不同土壤条件下施肥量拐点不同。例如，唐良梁等（2015）研究了嘉兴地区水稻田氨挥发，结果表明，氨挥发主要集中在施肥后7d内，1~2d迅速达到峰值，之后迅速降低；施肥量为217.73kg/hm^{2}为氨挥发的拐点。而不同肥料种类对氨挥发影响较大。有研究结果显示，施用尿素氨挥发损失率较大，早稻和晚稻氨挥发损失率分别达到41.4%和39.9%，而单施有机肥处理分别为0.3%和0.9%，化肥和有机肥配施处理分别19.6%和8.9%（李菊梅等，2008）。

除氨挥发外，地表径流、淋失也是土壤氮素流失的重要途径。水稻生长季与雨季同步，灌溉、降水引发排水，稻田养分进入环境造成氮磷污染。不同灌溉模式、肥料种类、施肥量、耕作方式等均对养分径流、淋失等产生影响。研究表明，节水灌溉能有效减少稻田氮磷流失（Wesström and Messing，2007；姜萍等，2013b）。例如，姜萍等（2013）研究发现，与常规淹灌相比，间歇灌溉和湿润灌溉的TN径流流失分别减少52.01%和38.24%，TN渗漏流失分别减少15.88%和42.06%。合理的水肥管理措施可减少养分流失风险。黄东风等（2013）研究了水肥管理措施对稻田氮磷流失的影响，结果显示，优化施肥＋节水灌溉处理可明显降低稻田地表径流的氮磷流失量，还可节省灌溉水量900.5m^3/hm^2。朱利群等（2012）研究了不同耕作方式与秸秆还田对稻田氮磷养分径流流失的影响，结果表明，秸秆还田处理较秸秆不还田处理更能够有效减少稻田氮磷养分径流流失总量，不同耕作方式下氮磷净流失量排序为翻耕＜旋耕＜免耕。

1.3.2　气候变化的影响

以全球变暖为主要特征的气候变化已成为当今世界重要的环境问题之一。气候变化对物理及生物系统产生重大影响，特别是对粮食生产产生许多不利影响。气候变化主要体现在温度上升、降水分布不均等（黄俊雄和徐宗学，2009；尹云鹤 等，2009；马欣等，2011）。1961—2006 年，我国平均温度呈上升趋势，平均每年增温约 0.03℃，降水量略有减少趋势，潜在蒸散呈显著减少的趋势，平均每年减少 0.62mm（尹云鹤等，2009）。黄俊雄和徐宗学（2009）对太湖流域 6 个气象站点 1954—2006 年的降水、气温、相对湿度、日照时数等时空变化进行了分析，结果表明，太湖流域降水量呈较弱的增加趋势，冬夏季降水增加显著；温度呈明显上升趋势；日照时数下降幅度较大。温度上升、降水增加导致径流的增加，在一定程度上发生洪涝灾害的可能性加大。降水增加可能使水稻种植区域北移（徐春春等，2012）。因此，气候变化可能对稻田生态服务功能产生较大影响。气候变化导致极端气候增加，降水量增加，稻田承载防洪减灾潜力巨大，稻田防洪功能在气候变化的加剧过程中起重要作用。此外，国内外相关研究一致认为，气温升高会导致水稻减产，减产幅度存在差异。Peng et al.,（2004）研究结果显示，水稻生长期间的平均夜间温度每升高 1℃，水稻产量下降 10%。葛道阔等（2009）研究了气候变化对长江中下游稻区水稻生产的影响，结果显示，气候变化使双季稻都显著减产。可见，气候变化虽然导致水稻生产功能弱化，但提高了稻田生态服务功能。

1.4 稻田生态服务功能评价的意义

稻田生态系统不仅为人类提供了口粮及原材料，在人类社会生活中发挥着重要作用，而且为人类社会提供了其他服务功能，如气体调节、温度调节、固碳、蓄洪、净化水质、旅游观光等。随着生态环境恶化、资源短缺加剧，稻田生态系统生态服务功能对人类社会可持续发展发挥着越来越重要的作用。同时，由于稻田生态系统是一个高投入产出、集约化生产的开放式生态系统，加之农民追求利润的最大化，导致稻田生态系统对其自身及其他生态系统产生负的外部性影响，如过量使用农药化肥带来的化学污染、秸秆焚烧带来的大气污染、温室气体排放等。综上，稻田生态系统生态服务功能颇受争议。因此，笔者拟通过对稻田生态服务功能及其价值进行综合评价，明确稻田生态系统对人类社会的利弊，综合评价稻田生态系统对人类社会的价值。

参考文献

白小琳，张海林，陈阜，等.2010.耕作措施对双季稻田 CH_4 与 N_2O 排放的影响 [J].农业工程学报，26（1）：282-289.

蔡祖聪，徐华，马静.2009.稻田生态系统 CH_4 和 N_2O 排放 [M].合肥：中国科技大学出版社.

曹世雄，陈军，陈莉，等.2007.中国居民环境保护意愿的调查分析 [J].应用生态学报，18（9）：2 104-2 110.

车越，吴阿娜，赵军，等.2009.基于不同利益相关方认知的水源地生态补偿探讨——上海市水源地和用水区居民问卷调查为例 [J].自然资源学报，24（10）：1 829-1 836.

陈丹，陈菁，罗朝晖.2005.稻田生态系统服务及其经济价值评估方法探讨 [J].环境科学与技术，28（6）：61-63.

陈清华.2010.四湖地区稻田生态系统服务功能的经济价值评价 [D].荆州：长江大学.

成臣，曾勇军，杨秀霞，等.2015.不同耕作方式对稻田净增温潜势和温室气体强度的影响 [J].环境科学学报，35（6）：1 887-1 895.

代光照，李成芳，曹凑贵，等.2009.免耕施肥对稻田甲烷与氧化亚氮排放及其温室效应的影响 [J].应用生态学报，20（9），2 166-2 172.

傅志强，黄璜，谢伟，等.2009.高产水稻品种及种植方式对稻田甲烷排放的影响 [J].应用生态学报，20（12）：3 003-3 008.

葛道阔，金之庆.2009.气候及其变率变化对长江中下游稻区水稻生产的影响 [J].中国水稻科学，23（1）：57-64.

葛颜祥，梁娟，王蓓蓓，等.2009.黄河流域居民生态补偿意愿及支付水平分析——以山东省为例 [J].中国农村经济（10）：77-85.

国家发展和改革委员会价格司.2015.全国农产品成本收益资料汇编2015[M].北京：中国统计出版社.

何莹莹, 张海林, 孙国锋, 等. 2010. 耕作措施对双季稻田土壤碳及有机碳储量的影响 [J]. 农业环境科学学报, 29（1）: 200-204.

黄东风, 李卫华, 王利民, 等. 水肥管理措施对水稻产量、养分吸收及稻田氮磷流失的影响 [J]. 水土保持学报, 27（2）: 62-66.

黄璜. 1997. 湖南境内隐形水库与水库的集雨功能 [J]. 湖南农业大学学报, 23（6）: 499-503.

黄俊雄, 徐宗学. 2009. 太湖流域 1954—2006 年气候变化及其演变趋势 [J]. 长江流域资源与环境, 18（1）: 33-41.

黄蕾, 段百灵, 袁增伟, 等. 2010. 湖泊生态系统服务功能支付意愿的影响因素——以洪泽湖为例 [J]. 生态学报, 30（2）: 487-497.

姜萍, 袁永坤, 朱日恒, 等. 2013. 节水灌溉条件下稻田氮素径流与渗漏流失特征研究 [J]. 农业环境科学学报, 32（8）: 1 592-1 596.

姜萍, 袁永坤, 朱日恒, 等. 2013b. 水肥管理措施对水稻产量—养分吸收及稻田氮磷流失的影响 [J]. 水土保持学报, 27（2）: 62-66.

蒋静艳, 黄耀, 宗良纲. 2003. 水分管理与秸秆施用对稻田 CH_4 和 N_2O 排放的影响 [J]. 中国环境科学, 23（5）: 552-556.

金琳, 李玉娥, 高清竹, 等. 2008. 中国农田管理土壤碳汇估算 [J]. 中国农业科学, 41（3）: 734-743.

李伯华, 刘传明, 曾菊新. 2008. 基于农户视角的江汉平原农村饮水安全支付意愿的实证分析——以石首市个案为例 [J]. 中国农村观察（3）: 20-28.

李成芳, 寇志奎, 张枝盛, 等. 2011. 秸秆还田对免耕稻田温室气体排放及土壤有机碳固定的影响 [J]. 农业环境科学学报, 30（11）: 2 362-2 367.

李凤博, 徐春春, 周锡跃, 等. 2009. 稻田生态补偿理论与模式研究 [J]. 农业现代化研究, 30（1）: 102-105.

李凤博, 徐春春, 周锡跃, 等. 2011. 基于稻田生态系统服务价值的梯田水稻生态补偿机制研究 [J]. 中国稻米, 17（4）: 11-15.

李季, 靳百根, 崔玉亭, 等. 2001. 中国水稻生产的环境成本估算——湖北、湖南案例研究 [J]. 生态学报, 21（9）: 1 474-1 483.

李菊梅, 李冬初, 徐明岗, 等. 2008. 红壤双季稻田不同施肥下的氨挥发损失及其影响因素 [J]. 生态环境, 17（4）: 1 610-1 613.

李晟, 郭宗香, 杨怀宇, 等. 2009. 养殖池塘生态系统文化服务价值的评估 [J]. 应用生态学报，20（12）：3 075-3 083.

李文华 . 2008. 生态系统服务功能价值评估的理论、方法与应用 [M]. 北京：中国人民大学出版社 .

李文军，彭保发，杨奇勇 . 2015. 长期施肥对洞庭湖双季稻区水稻土有机碳 – 氮积累及其活性的影响 [J]. 中国农业科学，48（3）：488-500.

李长生 . 2000. 土壤碳储量减少：中国农业之隐患——中美农业生态系统碳循环对比研究 [J]. 第四纪研究，20（4）：345-350.

凌启鸿 . 2004. 论水稻生产在我国南方经济发达地区可持续发展中的不可替代作用 [J]. 科技导报（3）：42-45.

刘建栋，周秀骥，于强 . 2003. 长江三角洲稻田生态系统综合增温潜势源汇交替的数值分析 [J]. 中国科学 D 辑，33（2）：105-113.

刘亚萍，潘晓芳，钟秋平，等 . 2006. 生态旅游区自然环境的游憩价值——运用条件价值评价法和旅行费用法对武陵源风景区进行实证分析 [J]. 生态学报，26（11）：3 765-3 774.

马欣，吴绍洪，戴尔阜，等 . 2011. 气候变化对我国水稻主产区水资源的影响 [J]. 自然资源学报，26（6）：1 052-1 064.

马永欢，牛文元 . 2009. 基于粮食安全的中国粮食需求预测与耕地资源配置研究 [J]. 中国软科学（3）：11-16.

毛显强，钟瑜，张胜 . 2002. 生态补偿的理论探讨 [J]. 中国人口·资源与环境，12（4）：38-41.

欧阳志云，王效科，苗鸿 . 1999. 中国陆地生态系统服务功能及其生态经济价值的初步研究 [J]. 生态学报，19（5）：607-613.

潘根兴 . 2008. 中国土壤有机碳库及其演变与应对气候变化 [J]. 气候变化研究进展，4（5）：282-289.

潘瑞炽 . 2001. 植物生理学 [M]. 北京：高等教育出版社 .

彭世彰，和玉璞，杨士红，等 . 2013. 控制灌溉稻田的甲烷减排效果 [J]. 农业工程学报，29（8）：100-107.

任景明，喻元秀，王如松 . 2009. 我国农业环境问题及其防治对策 [J]. 生态学杂志，28（7）：1 399-1 405.

唐良梁，李艳，李恋卿，等 . 2015. 不同施氮量对稻田氨挥发的影响及阈值探究 [J]. 土壤通报，46（5）：1 232-1 239.

万太本，邹首民.2008.走向实践的生态补偿——案例分析与探索 [M].北京：中国环境科学出版社.

王锋，张小栓，穆维松，等.2009.消费者对可追溯农产品的认知和支付意愿分析 [J].中国农村经济(3):68-74.

王凤珍，周志翔，郑忠明.2010.武汉市典型城市湖泊湿地资源非使用价值评价 [J].生态学报,30(12):3 261-3 269.

王明星.2001.中国稻田甲烷排放 [M].北京：科学出版社.

王欧，宋洪远.2005.建立农业生态补偿机制的探讨 [J].农业经济问题(6):22-28.

王钦敏.2004.建立补偿机制保护生态环境 [J].求是(13):55-56.

王淑彬，王开磊，黄国勤.2011.江南丘陵区不同种植模式稻田生态系统服务价值研究——以余江县为例 [J].江西农业大学学报(4):636-642.

向平安，黄璜，燕惠民，等.2005.湖南洞庭湖区水稻生产的环境成本评估 [J].应用生态学报,16(11):2 187-2 193.

肖玉，谢高地，鲁春霞，等.2004.稻田生态系统气体调节功能及其价值 [J].自然资源学报,19(5):617-623.

肖玉，谢高地，鲁春霞，等.2005.稻田气体调节功能形成机制及其累积过程 [J].生态学报(12):3 282-3 288.

肖玉.2005.中国稻田生态系统服务功能及其经济价值研究 [D].北京：中国科学院研究生院.

谢宁宁.2008.武汉市稻田生态系统服务功能评价 [D].哈尔滨：东北林业大学.

徐春春，周锡跃，李凤博，等.2013.中国水稻生产重心北移问题研究 [J].农业经济问题(7):35-40.

许泉，芮雯奕，何航，等.2006.不同利用方式下中国农田土壤有机碳密度特征及区域差异 [J].中国农业科学,39(12):2 505-2 510.

尹飞，毛任钊，傅伯杰，等.2006.农田生态系统服务功能及其形成机制 [J].应用生态学报,17(5):929-934.

尹云鹤，吴绍洪，陈刚.2009.1961—2006 年我国气候变化趋势与突变的区域差异 [J].自然资源学报,24(12):2 147-2 157.

袁伟玲，曹凑贵，程建平，等.2008.间歇灌溉模式下稻田 CH_4 和 N_2O 排放及温室效应评估 [J].中国农业科学,41(12):4 294-4 300.

袁伟玲，曹凑贵.2007.农田生态系统服务功能及可持续发展对策初探 [J].湖南农业科学（1）:1-3.

张卫建，丁艳锋，王龙俊，等. 2007. 稻田生态系统在保障环太湖环境健康与经济持续增长中的重要作用 [J]. 科技导报，25（17）:23-29.

张燕，谷长叶. 2004. 青山水库工程财务评价 [J]. 水利科技与经济，10（3）:146-149.

张翼飞，刘宇辉. 2007. 城市景观河流生态修复的产出研究及有效性可靠性检验——基于上海城市内河水质改善价值评估的实证分析 [J]. 中国地质大学学报（社会科学版），7（2）:39-44.

张翼飞，陈红敏，李瑾. 2007. 应用意愿价值评估法，科学制订生态补偿标准 [J]. 生态经济（9）:28-31.

张岳芳，陈留根，王子臣，等. 2010. 稻麦轮作条件下机插水稻 CH_4 和 N_2O 的排放特征及温室效应 [J]. 农业环境科学学报，29（7）:1 403-1 409.

张志强，徐中民，程国栋. 2003. 条件价值评估法的发展与应用 [J]. 地球科学进展，18（3）:454-463.

郑海霞，张陆彪，涂琴. 2010. 金华江流域生态服务补偿支付意愿及其影响因素分析 [J]. 资源科学，32（4）:761-767.

周大杰，董文娟，孙丽英，等. 2005. 流域水资源管理中的生态补偿问题研究 [J]. 北京师范大学学报（社会科学版），4:131-135.

朱利群，夏小江，胡清宇，等. 2012. 不同耕作方式与秸秆还田对稻田氮磷养分径流流失的影响 [J]. 水土保持学报，26（6）:6-10.

朱兆良. 2008. 中国土壤氮素研究 [J]. 土壤学报，45（5）:778-783.

Abiven S, Menasseri S, Chenu C. 2009. The effects of organic inputs over time on soil aggregate stability-A literature analysis[J]. Soil Biology and Biochemistry, 41（1）: 1-12.

Adams W M, Aveling R, Brocking D, et al. 2004. Biodiversity conservation and the eradication of poverty[J]. Science, 306: 1 146-1 149.

Agus F, Irawan I, Suganda H, et al. 2006. Environmental multifunctionality of Indonesian agriculture[J]. Paddy and Water Environment, 4（4）:181-188.

Anan M, Yuge K, Nakano Y, et al. 2007. Quantification of the effect of rice paddy area changes on recharging groundwater[J]. Paddy and Water Environment, 5（1）: 41-47.

Bateman I J, Langford L H, Truner R K, et al. 1995. Elicitation and truncation effects in contingent valuation studies[J]. Ecological Economics 12: 161-179.

Chen G, Chen Y, Zhao G, et al. 2015. Do high nitrogen use efficiency rice cultivars reduce nitrogen losses from paddy fields? [J]. Agriculture, Ecosystems & Environment, 209 : 26-33.

Choi K S, Lee K J, Lee B W. 2001. Determining the value of reductions in radiation risk using the contingent valuation method[J]. Annals of Nuclear Energy, 28 :1 431-1 445.

Davis R. 1963. Recreation planning as an economic problem[J]. Natural Resources Journal, 3(2): 239-249.

FAOSTAT. 2012. http ://faostat.fao.org.

Hanemann W. 1989. Welfare evaluations in contingent valuation experiments with discrete response data : reply[J]. American Journal of Agricultural Economics, 71 (4): 1 057-1 061.

Hou H, Yang S, Wang F, et al. 2016. Controlled irrigation mitigates the annual integrative global warming potential of methane and nitrous oxide from the rice—winter wheat rotation systems in Southeast China[J]. Ecological Engineering, 86 : 239-246.

Huang C C, Tsai M H, Lin W T, et al. 2006. Multifunctionality of paddy fields in Taiwan[J]. Paddy and Water Environment, 4(4): 199-204.

Six J, Elliott E T, Paustiana K. 1998. Aggregate and soil organic matter dynamics under conventional and no-tillage systems[J]. American Society of Agronomy, 63(5): 1 350-1 358.

Jastrow J D, Miller R M, Boutton T W. 1996. Carbon dynamics of aggregate-associated organic matter estimated by carbon-13 natural abundance[J]. Soil Science Society of America Journal, 60(3): 801.

Kim T C, Gim U S, Kim J S, et al. 2006. The multi-functionality of paddy farming in Korea[J]. Paddy and Water Environment, 4(4): 169-179.

Kögel-Knabner I, Amelung W, Cao Z, et al. 2010. Biogeochemistry of paddy soils[J]. Geoderma, 157(1-2): 1-14.

Lal R. 2009. Challenges and opportunities in soil organic matter research[J]. European Journal of Soil Science, 60(2): 158-169.

Liu S, Zhang L, Jiang J, et al. 2012. Methane and nitrous oxide emissions from rice seedling nurseries under flooding and moist irrigation regimes in Southeast China[J]. Sci Total Environ, 426 : 166-71.

Lv Y, Gu S Z, Guo D M. 2010. Valuing environmental externalities from rice–wheat farming in the lower reaches of the Yangtze River[J]. Ecological Economics, 69(7): 1 436-1 442.

Ma J, Xu H, Yagi K, et al. 2008. Methane emission from paddy soils as affected by wheat straw returning mode[J]. Plant and Soil, 313(1-2): 167-174.

Masumoto T, Yoshida T, Kubota T. 2006. An index for evaluating the flood-prevention function of paddies[J]. Paddy and Water Environment, 4(4): 205-210.

Matsuno Y, Nakamura K, Masumoto T, et al. 2006. Prospects for multifunctionality of paddy rice cultivation in Japan and other countries in monsoon Asia[J]. Paddy and Water Environment, 4(4): 189-197.

Nakanishi N. 2004. Potential rainwater storage capacity of irrigation ponds[J]. Paddy and Water Environment, 2(2): 不详.

Pan G, Li L, Wu L, et al. 2003. Storage and sequestration potential of topsoil organic carbon in China's paddy soils[J]. Global Change Biology, 10: 79-92.

Pasda G, Hähndel R, Zerulla W. 2001. Effect of fertilizers with the new nitrification inhibitor DMPP(3, 4-dimethylpyrazole phosphate)on yield and quality of agricultural and horticultural crops[J]. Biology and Fertility of Soils, 34(2): 85-97.

Peng S, Buresh R J, Huang J, et al. 2006. Strategies for overcoming low agronomic nitrogen use efficiency in irrigated rice systems in China[J]. Field Crops Research, 96(1): 37-47.

Peng S, Huang J, Sheehy J E, et al. 2004. Rice yields decline with higher night temperature from global warming[J]. Proc Natl Acad Sci U S A, 101(27): 9 971-9 975.

Posthumus H, Rouquette J R, Morris J, et al. 2010. A framework for the assessment of ecosystem goods and services : a case study on lowland floodplains in England[J]. Ecological Economics, 69(7): 1 510-1 523.

Dobbs T L, Pretty J N. 2004. Agri-environmental stewardship schemes and "multifunctionality" [J]. Review of Agricultural Economics, 26(2): 220-260.

Schimel J. 2000. Global change : Rice, microbes and methane[J]. Natural, 403: 375-377.

Shang Q, Gao C, Yang X, et al. 2013. Ammonia volatilization in Chinese double rice-cropping systems : a 3-year field measurement in long-term fertilizer experiments[J]. Biology and Fertility of Soils, 50 (5)：715-725.

Shimura H. 1982. Evaluation on flood control functions of paddy fields and upland crop farms[J]. J Soc Irrig Drain Reclam Eng, 50 (1)：25-29.

Shoji S, Delgado J, Mosierb A, et al. 2001. Use of controlled release fertilizers and nitrification inhibitors to increase nitrogen use efficiency and to conserve air and water quality[J]. Communications in Soil Science and Plant Analysis, 32 (7-8)：1051-1070.

Singh S K, Bharadwaj V, Thakur T C, et al. 2009. Influence of crop establishment methods on methane emission from rice fields[J]. Current Science-India, 97 (1)：84-89.

Sujono J. 2010. Flood reduction function of paddy rice fields under different water saving irrigation techniques[J]. Journal of Water Resource and Protection, 2 (6)：555-559.

NRIAE. 1998.The result of evaluation of public benefit accompanying agriculture and rural area by a replacement cost method[J]. Journal of Agricultural Economics, 52 (4)：113–138.

Tu D T. 2010. Studies on Multi - functionalities of Paddy Fields in the Lower Mekong Basin[J]. Vientiane: Mekong River Commission.

Wang B, Lia Y e, Wan Y, et al. 2016. Modifying nitrogen fertilizer practices can reduce greenhouse gas emissions from a Chinese double rice cropping system[J]. Agriculture, Ecosystems & Environment, 215：100-109.

Wang J, Wang D, Zhang G, et al. 2014. Nitrogen and phosphorus leaching losses from intensively managed paddy fields with straw retention[J]. Agricultural Water Management, 141：66-73.

Wang W, Lai D Y F, Wang C, et al. 2015. Effects of rice straw incorporation on active soil organic carbon pools in a subtropical paddy field[J]. Soil and Tillage Research, 152, 8-16.

Wassmann R, Papen H, Rennenberg H. 1993. Methane emission from rice paddies and possible mitigation strategies[J]. Chemosphere, 26 (1-4)：201-217.

Wesström I, Messing I. 2007. Effects of controlled drainage on N and P losses and N dynamics in a loamy sand with spring crops[J]. Agricultural Water Management, 87 (3)：229-240.

Wossink A, Swinton S M. 2007. Jointness in production and farmers'willingness to supply non-marketed ecosystem services[J]. Ecological Economics, 64（2）: 297-304.

Xiao Y, An K, Xie G, et al. 2011. Evaluation of ecosystem services provided by 10 typical rice paddies in China[J]. Journal of Resources and Ecology, 2（4）: 328-337.

Xiao Y, Xie G, Lu C, et al. 2005. The value of gas exchange as a service by rice paddies in suburban Shanghai, PR China[J]. Agriculture, Ecosystems & Environment, 109（3-4）: 273-283.

Xu Y, Ge J, Tian S, et al. 2015. Effects of water-saving irrigation practices and drought resistant rice variety on greenhouse gas emissions from a no-till paddy in the central lowlands of China[J]. Sci Total Environ, 505: 1 043-1 052.

Xue J F, Pu C, Liu S L, et al. 2015. Effects of tillage systems on soil organic carbon and total nitrogen in a double paddy cropping system in Southern China[J]. Soil and Tillage Research, 153: 161-168.

Yan X, Akiyama H, Yagi K, et al. 2009. Global estimations of the inventory and mitigation potential ofmethane emissions from rice cultivation conducted using the 2006 Intergovernmental Panel on Climate Change Guidelines[J]. Global Biogeochem Cycles, 23, GB2002.

Yang S S, Chang E H. 1997. Effect of fertilizer application on methane emission/production in the paddy soils of Taiwan[J]. Biol Fertil Soils, 25: 245-251.

Yang X, Shang Q, Wu P, et al. 2010. Methane emissions from double rice agriculture under long-term fertilizing systems in Hunan, China[J]. Agriculture, Ecosystems & Environment, 137（3）: 308-316.

Yoshikawa N, Nagao N, Misawa S. 2010. Evaluation of the flood mitigation effect of a paddy field dam project[J]. Agricultural Water Management, 97（2）: 259-270.

Zhang B, Li W, Xie G. 2010. Ecosystem services research in china: progress and perspective[J]. Ecological Economics, 69（7）: 1 389-1 395.

Zhang W, Ricketts T H, Kremen C, et al. 2007. Ecosystem services and dis-services to agriculture[J]. Ecological Economics, 64（2）: 253-260.

Zhang W, Yu Y, Huang Y, et al. 2011. Modeling methane emissions from irrigated rice cultivation in China from 1960 to 2050[J]. Global Change Biology, 17（12）: 3 511-3 523.

Zhang X, Yin S, Li Y, et al. 2014a. Comparison of greenhouse gas emissions from rice paddy fields under different nitrogen fertilization loads in Chongming Island, Eastern China[J]. Sci Total Environ, 472 : 381-388.

Zhang Y, Li Z, Feng J, et al. 2014b. Differences in CH_4 and N_2O emissions between rice nurseries in Chinese major rice cropping areas[J]. Atmospheric Environment, 96 : 220-228.

Zhu Z L, Chen D L. 2002. Nitrogen fertilizer use in China – Contributions to food production, impacts on the environment and best management strategies[J]. Nutrient Cycling in Agroecosystems, 63 : 117-127.

Zou J, Huang Y, Zheng X, et al. 2007. Quantifying direct N_2O emissions in paddy fields during rice growing season in mainland China : Dependence on water regime[J]. Atmospheric Environment, 41 (37) : 8 030-8 042.

Xie Z, Zhu J, Liu G, et al. 2007. Soil organic carbon stocks in China and changes from 1980s to 2000s[J]. Global Change Biology, 13 : 1 989-2 007.

Cai Z C, Xing G X, Yan X. Y, et al. 1997. Methane and nitrous oxide emissions from rice paddy fields as affected by nitrogen fertilisers and water management[J]. Plant and Soil, 196 (1) : 7-14.

第 2 章
我国稻田生态服务价值的总量、结构与分布

近 10 年，在我国以及亚洲其他主要水稻种植国家，许多学者陆续开展了对稻田生态服务功能的量化评价研究工作，如 Natuhara 等（2013）分析了日本稻田系统控制洪水、保持水土等 8 种主要生态服务功能，并对生态服务价值进行了估算；Kim 等（2006）对韩国稻田净化大气、降低气温等生态服务功能进行了分析评价，估算了韩国稻田生态服务价值总量。国内也有许多学者对全国或不同地区典型稻作系统的气体调节、洪水控制、环境污染等不同类型生态服务功能价值进行分析和估算（肖玉等，2005；李向东等，2006；周锡跃等，2009；Xiao et al., 2011）。但是以往这些研究大多侧重于对区域稻田生态服务功能的解析和价值估算。而对生态服务价值的量化特征缺乏深入分析。本章重点对我国主要稻区稻田生态服务价值的总量、结构、强度和时空变化进行系统分析。

2.1 稻田生态服务功能评估方法

稻田系统的生态服务功能在区域可持续发展中的作用日益受到重视（Kim et al., 2006；zhang et al., 2007）。如何对稻田生态服务功能的价值进行科学的量化评价是当前稻作系统生态经济研究中一个难题。目前，已经辨识出固碳、制氧、调节大气环境、洪水控制等 10 多项稻田生态服务功能（Natuhara，2013）。国内外许多学者也从不同角度对全国或区域稻田对这些生态服务功能的价值进行了估算（Li et al., 2006；Sheng et al., 2008；Wang et al., 2011；Xiao et al., 2011；Liu et al., 2015）。但是，目前对各种生态功能价

值的估算方法尚处于探索阶段。大多数研究都是采用的经验公式以及统计数据来评估各种生态服务功能的价值（Li et al., 2006；Sheng et al., 2008；Wang et al., 2011；Liu et al., 2015）。仅有少数研究是基于田间观察结果来计算稻田生态服务价值（Xiao et al., 2005；Qin et al., 2010）。受气象因素、土壤性质以及栽培措施的影响，稻田生态服务功能可能表现出较大的时空变异性（Verburg and Van der Gon, 2001；Xiao et al., 2005；Liu et al., 2010）。例如，由于降水量的差异，我国南方稻区洪水控制价值可能要高于北方稻区。因此，基于田间观察数据的估算方法能够更加准确地反映稻田生态服务价值的变化。在本研究中，对稻田温室气体排放价值的计算是基于近 40 年来我国不同稻区稻田监测结果，对温度控制和洪水控制价值的估算是采用近 40 年水稻季逐日气象数据。这些方法的采用，可以提高对稻田生态服务价值评估的准确性。

2.1.1　数据来源

1. 水稻生产物候数据

从中国气象数据库（http：//www.cma.gov.cn/2011qxfw/2011qsjgx/）下载整理了我国主要农作物生产物候数据。包含 778 个站点 1991—2014 年数据。从中选取了 18 个省份水稻生产数据。主要数据内容包括水稻发育期、植株高度、植株密度、生长状况、生育期气温和土壤湿度等数据。共收集物候数据 240 385 条。

2. 历史文献数据

近 40 年来，围绕稻田生态系统的生产和生态功能开展了大量田间试验，积累了丰富的田间实测数据。为了更加精确地评估稻田生态服务价值，在本研究中，着重对稻田温室气体排放、稻田初级生产力等相关历史文献进行了收集整理，并对大田实验数据进行了 Meta 分析，为稻田生态价值的评价与分析提供精确的参数。

本研究通过 Web of science、google scholar 和 CNKI，以"温室气体排放""水稻""收获指数""产量""生物量"等为关键词对我国稻田温室气体排放以及稻田初级生产力的研究文献进行了全面检索。并结合本研究目的，设定了以下数据收集标准，对文献进行了筛选。

（1）必须是大田实验结果，盆栽实验不在筛选范围内。田间试验必须持续整个水稻生长季。

（2）温室气体监测方法采用静态箱—气相色谱法。

（3）文献中需说明温室气体采样时间和采样频率、水稻季累积排放通量、水稻生物量、水稻产量、以及氮肥施用量等田间管理措施情况。根据以上标准，共选定文献 314 篇，收集有效数据 2 615 条。所选文献中实验点分布如图 2-1 所示。

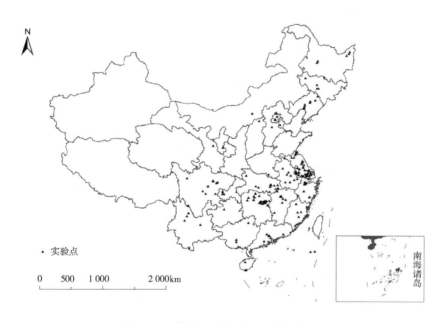

图 2-1　所选文献中的实验点分布

3. 气象数据

从中国气象数据库（http：//data.cma.cn/site/index.html）下载整理了 18 个省份从 1980 年至今的逐日地面气象数据和辐射数据。从中选取了风速、降水、气温、气压、相对湿度、净辐射、总辐射等数据。共收集气象数据 4 616 569 条。

4.统计数据

本研究中采用的统计数据主要来源于国家统计年鉴发布的数据。18省份历年水稻生产物料投入数量主要来源于《全国农产品成本收益资料》。水稻播种面积和产量主要来源于《中国农业统计年鉴》。

2.1.2 稻田生态服务价值计算方法

1.固碳价值

水稻在生长期间可以通过光合作用吸收固定大气中的 CO_2。在本研究中，采用瑞典碳税法计算稻田生态系统固定 CO_2 的价值。计算公式为：

$$V_{CO_2}=Q \times E_{CO_2} \times N_C \times P_C \quad\quad (2-1)$$

$$Q=B \times (1-r) /f \quad\quad (2-2)$$

式 2-2 中，V_{CO_2} 为固碳价值；Q 为水稻年净生物量；E 为固碳系数，即稻田生态系统每生产 1g 水稻干物质固定 $1.63gCO_2$；N_C 为 CO_2 中碳含量；P_C 为瑞典碳税率（150 dollar/t），折合人民币为 951 yuan/t；B 为水稻经济产量；r 为水稻经济产量含水量；f 为收获指数。

2.制氧价值

水稻在生长过程中可以通过光合作用释放 O_2 到大气中，具有改善空气质量的生态价值。在本研究中，采用工业成本制氧法估算稻田生态系统的制氧价值。计算公式为：

$$V_{O_2}=Q \times E_{O_2} \times P_{O_2} \quad\quad (2-3)$$

式 2-3 中，V_{O_2} 为制氧价值；Q 为水稻年净生物量；E 为制氧系数，即稻田生态系统每生产 1g 水稻干物质的同时释放 $1.19 gO_2$；P_{O_2} 为工业制氧成本（400 yuan/t）。

3.降温价值

大面积稻田水面的蒸发以及水稻植株的蒸腾作用对周边区域大气温度具有显著的降低作用，尤其是在夏季。在本研究中，采用 FAO 推荐的 Penman-Monteith 模型来计算稻田生态系统的蒸腾蒸发量。具体计算公式

如下:

$$ET_0 = \frac{0.408\,\Delta\,(R_n - G) + \gamma\,\dfrac{900}{T+273}\,U_2(e_s - e_a)}{\Delta + \gamma\,(1 + 0.34u_2)} \qquad (2-4)$$

式中,ET_0 为参考作物蒸散量(mm/d);R_n 为作物表层净辐射(MJ/($m^2 \cdot d$));G 为土壤热散失(MJ/($m^2 \cdot d$));T 为日均气温(℃);U_2 为平均风速(m/s);e_s 为饱和水气压(kPa);e_a 为实际水气压(kPa);为温度随饱和水汽压变化的斜率(kPa/℃);γ 是干湿表常数(kPa/℃)。

在式 2-4 中,R_n,T,U_2,e_a 直接采用气象数据。由于稻田大部分时间处于淹水状态,G 相对 R_n 较小可忽略不计,故设为 0。饱和水气压 e_s 的采用以下公式计算:

$$e_s = \frac{e^o(T_{\max}) + e^o(T_{\min})}{2} \qquad (2-5)$$

$$e^o(T) = 0.6108 \times \exp\left[\frac{17.27T}{T+237.3}\right] \qquad (2-6)$$

式 2-5 中,$e^o(T_{\max})$ 和 $e^o(T_{\min})$ 分别为日最高温和最低温时的饱和水气压,水气压与温度为线性关系,采用式 2-6 计算。

水汽压曲线 Δ 采用下面的公式计算:

$$\Delta = \frac{4908 \times \left[0.6018 \times \exp\left(\dfrac{17.27T}{T+237.3}\right)\right]}{(T+237.3)^2} \qquad (2-7)$$

式中,T 为大气温度(℃)。

干湿表常数 γ 计算公式为:

$$\gamma = 0.665 \times 10^{-3} P \qquad (2-8)$$

式 2-8 中,P 为大气压强。

作物实际蒸散量采用单系数法计算,数学公式为:

$$ET_C = K_C \times ET_0 \qquad (2-9)$$

式中,ET_C 表示作物实际蒸散量(mm/d),ET_0 为参考作物蒸散量(mm/d)。K_C 为作物系数。K_C 为作物系数。在 FAO-56 中,首先将水稻生长划分为初始、中期、后期 3 个阶段，分别计算每个阶段的 K_C 值。其中初始阶段的作物系数采用 FAO–56 作物参数表中推荐的数值，中、后期采用如下公式计算：

$$K_C = K_{C(tab)} + [0.04 \times (u_2 - 2) - 0.04 \times (RH_{min} - 45)] \times (\frac{h}{3})^{0.3} \qquad (2-10)$$

式中，$K_{C(tab)}$ 为 FAO–56 作物参数表中推荐的数值；u_2 为平均风速（m/s）；RH_{min} 表示最小相对湿度；h 表示作物平均高度（m）。

水稻降温价值采用替代成本法估算，计算公式如下：

$$V_{ETC} = \sum_{i=1}^{n} ET_{c(i)} \times P_{ETc} \qquad (2-11)$$

式中，V_{ETC} 表示稻田生态系统水稻季降温价值；$\sum_{i=1}^{n} ET_{c(i)}$ 表示水稻季高温期作物蒸散总量；P_{ETC} 为 1 hm² 稻田蒸发 50mm 水量所消耗的热量，以 30.57t 标准煤燃烧热量来代替，煤炭价格以 340 yuan/t 计算。

4. 控洪价值

稻田能分流和储存大量雨水，起到调蓄洪水，减轻洪涝灾害的作用。该部分价值采用影子工程法估算。计算公式为：

$$V_f = \sum_{i=1}^{n} r_i \times P_f \qquad (2-12)$$

V_f 为稻田控洪价值；$\sum_{i=1}^{n} r_i$ 水稻季稻田储雨量；P_f 为水库工程费用法的单价（1.51 yuan/m³）。

5. 温室气体排放价值

稻田是我国主要的温室气体排放源之一。在本研究中，稻田温室气体排放主要计算了水稻季，非水稻季没有计算在内。水稻季温室气体排放主要直接和间接排放两部分。直接排放是指水稻季稻田 CH_4 和 N_2O 排放。间接排放主要是指化肥和农膜生产和使用过程中所导致的碳排放。稻田温室气体排放量采用 IPCC 推荐的温室气体清单计算方法（IPCC，2006）：

$$T_{GHG} = 25 \times E_{CH_4} + 298 \times N \times E_{N_2O} + N \times E_N + P \times E_P + K \times E_K + AF \times E_{AF} \qquad (2-13)$$

E_{CH_4} 是指稻田单位面积 CH_4 排放系数（kg/hm²）；N 表示稻田单位面积

施氮量（kg/hm²）；E_N 表示稻田单位施氮量产生的 N_2O 排放量；N、P、K 和 AF 分别表示单位面积稻田氮、磷、钾肥以及农膜使用量。E_N、E_p、E_k、E_{AF} 分别表示氮磷钾肥和农膜生产过程中排放的温室气体。

温室气体价值采用瑞典碳税法。计算公式为：

$$V_{GHG}=T_{GHG} \times P_C \qquad (2-14)$$

P_C 为瑞典碳税率（150 dollar/t），折合人民币为 951 yuan/t。

6. 化学污染价值

水稻生产过程中化肥和农药的大量使用，会对稻田以及周边水体、土壤环境产生污染。例如，稻田氮素流失会导致周边水体富营养化，导致水体污染，影响饮用水健康以及渔业生产；农药的大量使用造成农业生物多样性损失。水稻生产的化学污染价值采用环境成本法估算（Li et al., 2001）：

$$V_{cp}=V_{pr}+V_{eu}+V_{ni}+V_{fa}+V_{bi} \qquad (2-15)$$

V_{cp} 表示环境污染价值（yuan/kg）；V_{pr} 表示农药生产过程中产生的化学污染价值（yuan/kg）；V_{eu} 表示富营养化导致的渔业损失（yuan/kg）；V_{ni} 表示饮用水亚硝酸盐污染价值（yuan/kg）；V_{fa} 表示农民在施用农药中的健康损失（yuan/kg）；V_{bi} 表示农药使用导致的生物多样性损失（yuan/kg）。

2.1.3 Meta 分析方法

Meta 分析方法是一种对研究数据进行整合分析的数据挖掘方法。该方法是针对同一科学问题，比较和综合一系列独立研究结果，对结果进行定量综合分析的一种统计分析方法。在科学研究中，针对同一问题，可能会存在诸多独立的研究结果，由于环境条件的差异，这些结果可能并不完全一致，甚至相反，通过针对同一主题的这一系列独立研究结果进行 Meta 分析，可排除这些结果中的随机误差和系统误差，提炼出本质，从中得出普遍性的结论，为问题的解决提供科学依据。

在稻田系统生态服务价值的估算中，各类系数的确定是影响估算值精确程度的重要因素。近 40 年来，我国稻田温室气体排放积累了大量的田间观察数据，为估算该项生态服务价值提供了丰富的基础数据。为此，在本研究中，重点针对稻田温室气体排放价值的估算，采用 Meta 分析方法对田间监测结果进行了整合，确定了稻田我国主要稻区 CH_4 和 N_2O 排放系数。稻田 CH_4 和 N_2O 排放系数的整合采用加权均值法（Linquist et al., 2012）：

$$M= \sum (Y_i \times W_i) / \sum W_i \qquad (2-16)$$

$$W_i = n \times f \qquad (2-17)$$

M 为排放系数均值，Y_i 为单个研究中 CH_4 和 N_2O 排放系数，W_i 为权重。权重通过大田实验中处理重复数量（n）和气体排放监测频率（f）来综合确定。即对重复数多、监测频率高的研究分配更高的权重。通过 Meta 分析，确定四个主要稻区 CH_4 和 N_2O 排放系数如表 2-1 所示。

表 2-1　稻田水稻季 CH_4 和 N_2O 排放系数

	CH_4 排放系数（kg/hm^2）	N_2O 排放系数（kg/kg）
北方单季稻区	115.9	0.004 7
长江中下游稻区	181.8	0.008 1
西南稻区	251.8	0.016
南方双季稻区	早稻 168.8；晚稻 266.5	早稻 0.003 5；晚稻 0.004 1

2.2　稻田生态服务价值总量

1980 年至今，我国稻田生态服务价值总量呈现波动上升趋势（图 2-2），2014 年，18 个水稻主产省的生态服务价值总量达到 $23\ 712.5 \times 10^8$ yuan，比 1980 年增加 36.5%。不同稻区稻田生态服务价值总量存在较大差异。南方双季稻区生态服务价值总量（2014 年 $11\ 480.8 \times 10^8$ yuan）远高于其他 3 个稻区，占全国价值总量的 48.4%。南方稻区生态服务价值总量呈波动变化趋势，在 1980—2002 年整体呈递减趋势，2002 年比 1980 年降低 9.6%；从 2002 年至今整体呈现增加趋势，2014 年价值总量比 2002 年增加 13.9%，比 1980 年增加 3.0%。其次是长江中下游稻区，2014 年其生态服务价值总量占全国的 27.3%。从 1980 年至今，长江下游稻区生态服务价值总量整体呈上升趋势，2013 年达到最高的 $9\ 620.4 \times 10^8$ yuan；西南稻区和东北稻区生态服务价值总量相对较低，但东北稻区呈现逐年上升趋势，2014 年生态服务价值总量比 1980 年增加 637.6%；西南稻区则以 1999 年为转折点呈现先增后减趋势，1999 年价值总量比 1980 年增加 49.9%，达到 3 126.2 × 10⁸ yuan，此后逐年递减，2014 年降至 2 717.5 × 10⁸ yuan。

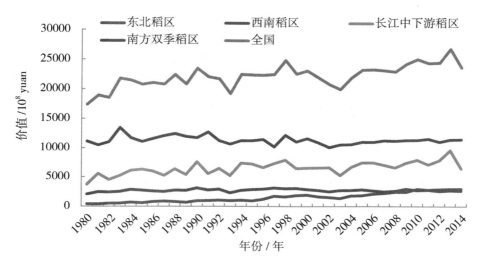

图 2-2　我国主要稻区稻田生态服务价值总量及其历史变化

从不同水稻类型来看，20 世纪 80 年代，早、中稻生态服务价值总量相近，分别占 18 省份生态服务价值总量的 36.0% 和 39.6%，都高于晚稻（24.3%）。

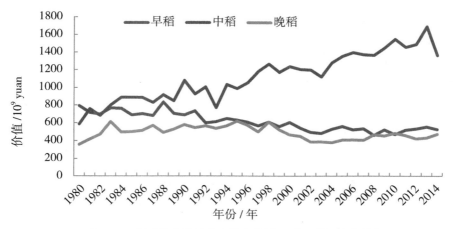

图 2-3　我国早中晚稻生态服务价值总量及其历史变化

但是从 80 年代至今，中稻生态服务价值总量呈大幅增加趋势，而早稻则呈明显下降趋势。2014 年，中稻生态服务价值总量比 1980 年增加 133.2%，达到 13 660.2 × 10^8 yuan；晚稻也增加了 32.8%，而早稻则降低了 33.2%。

2.3 稻田生态服务价值结构

以 5 年为一个节点，进一步分析我国稻田生态服务价值结构的变化特征，如图 2-4 所示。在 6 种稻田生态服务功能中，固碳价值所占比重最高，达到 77.1%。其次是控温和温室气体价值，另外 3 种生态服务功能的价值相对降低。从 1980 年至今，固碳价值所占比重逐年下降，从 80.5%（1980—1984 年）下降至 77.1%（2010—2014 年）。而控温价值所占比重则呈上升趋势，从 35.9%（1980—1984 年）增加至 37.1%（2010—2014 年）。控洪价值和温室气体价值所占百分比均呈下降趋势，分别从 1980—1984 年的 12.9% 和 −34.9% 降至 2010—2014 年的 8.6% 和 −28.1%。

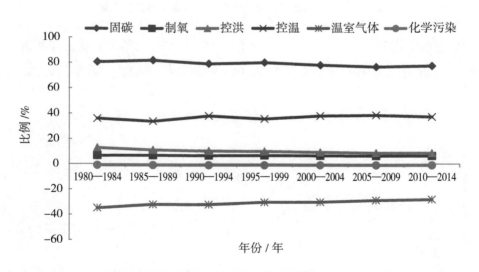

图 2-4　我国稻田生态服务价值结构及其历史变化

进一步对不同稻区和稻作类型 1980—1984 年和 2010—2014 年这两个时

间节点的生态服务价值进行比较，结果见表 2-2，从中可以看出，不同稻区的生态服务价值结构在近 40 年存在较大差异。在东北和西南稻区，固碳价值所占比重均有所增加，而长江中下游稻区和南方稻区固碳价值比重则均有大幅降低。制氧价值也表现出类似规律，但变化幅度较小。控洪价值则均呈下降趋势。控温价值除东北稻区外，其他 3 个地区均呈上升趋势。温室气体价值所占比重除西南稻区外，均呈上升趋势。化学污染价值在西南和东北稻区所占比重呈下降趋势，而在长江中下游和南方双季稻区则呈上升趋势。从不同稻作类型来看，早、中、晚稻固碳、制氧、控洪所占比重均有所降低，而另外 3 种生态服务价值所占比重则呈上升趋势。

表 2-2 我国主要稻区和不同稻作类型稻田生态服务价值结构变化 单位：%

	固碳	制氧	控洪	控温	温室气体	化学污染
东北稻区	4.43	0.37	−4.19	−1.18	0.71	−0.14
西南稻区	0.14	0.01	−5.60	6.15	−0.59	−0.12
长江中下游稻区	−15.14	−1.25	−4.78	12.06	8.98	0.12
南方双季稻区	−3.22	−0.27	−3.55	1.69	5.34	0.01
早稻	−6.56	−0.54	−1.89	7.53	1.41	0.05
中稻	−3.87	−0.32	−5.76	4.73	5.26	−0.03
晚稻	−12.37	−1.02	−6.38	1.89	17.75	0.12

2.4 稻田生态服务价值强度

从单位面积和单位产量两个角度分析我国稻田生态服务价值强度的变化，如图 2-5 所示。从图中可以看出，我国稻田生态服务价值单位面积强度在 7.96 ~ 11.18 yuan/m² 之间。在近 40 年间表现出显著的随时间增加的趋势（图 2-5（a）），在 2013 年达到最高值，比 1980 年增加了 40.5%。单位面积强度在 11.21~13.63 yuan/kg 之间（图 2-5（b））。但是，单位面积强度并没有表现出随时间变化的显著趋势。

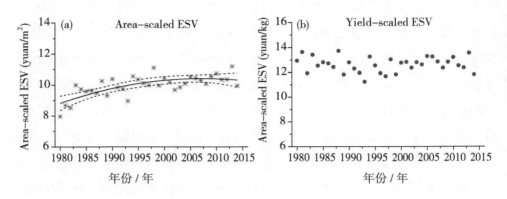

图 2-5　我国稻田生态服务价值强度变化

　　不同稻区稻田生态服务价值强度存在显著差异（图 2-6）。南方双季稻区单位面积价值强度为 $11.70\sim13.98\ \mathrm{yuan/m^2}$，显著高于其他 3 个稻区；其次为长江中下游稻区，单位面积强度为 $8.49\sim11.88\ \mathrm{yuan/m^2}$，西南稻区和东北稻区单位面积价值强度相近。近 40 年来，4 个稻区单位面积强度均呈上升趋势。其中，长江中下游稻区增幅最大，2010—2014 年均值比 1980—1984

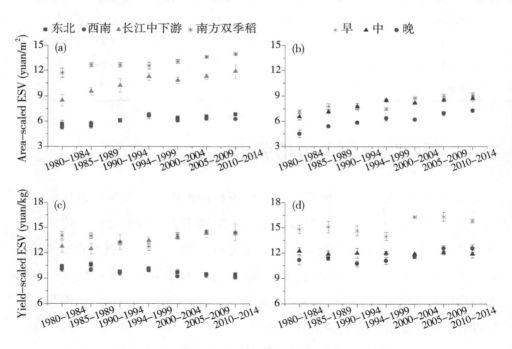

图 2-6　不同稻区和稻作类型稻田生态服务价值强度变化

年均值增加 39.8%。其他 3 个稻区增幅相近，分别为 20.3%（东北稻区）、19.5%（西南稻区）和 19.5%（南方双季稻区）。从单位产量价值强度来看，南方双季稻区在 20 世纪 80 年代均显著高于长江中下游稻区，但是从 1990 年开始，二者之间没有显著差异。西南稻区和东北稻区单位产量价值相近，均显著低于南方双季稻区和长江中下游稻区。

早、中、晚稻生态服务价值强度同样存在显著差异。早、中稻单位面积生态服务价值相近（6.53~9.09 yuan/m^2），没有显著差异。但是均高于晚稻单位面积价值强度（4.51~7.26 yuan/m^2）。这主要是由于稻田温室气体排放价值的差异。稻田监测结果显示（Shang et al., 2010；Li et al., 2011），由于早稻收获后大量秸秆残留在稻田中，再加上晚稻移栽后气温较高，导致稻田 CH_4 大量排放。晚稻季温室气体排放总量要显著高于早、中稻。从而降低了其生态服务价值总量。从单位产量强度来看，则是早稻（13.99~16.32yuan/m^2）显著高于中稻（11.84~12.22yuan/m^2）、晚稻（10.73~12.55yuan/m^2）。中稻的单位产量强度在 20 世纪的 80 年代和 90 年代均显著高于晚稻。但是从 20 世纪开始，二者没有显著差异。

2.5 稻田生态服务价值空间分布

以 2010—2014 年均值，对我国 18 个主要水稻种植省份稻田生态服务价值总量和强度的空间分布进行分析。图 2-7 显示的是不同省份稻田生态服务价值总量的空间分布，从中可以看出，在东北稻区，黑龙江省稻田生态服务价值总量最高，达到 1 996.1 × 10^8 yuan；其次是吉林省，达到 545.6 × 10^8 yuan；辽宁省最低，为 442.4 × 10^8 yuan。在长江中下游地区，湖北和江苏两省生态服务价值总量相对较高，分别为 2 467.3 × 10^8 yuan 和 2 525.0 × 10^8 yuan；安徽和河南两省相对较低。在西南稻区，依次为四川、重庆、云南、贵州。在南方双季稻区，湖南和江西两省较高，分别达到 3 336.6 × 10^8 yuan 和 3 007.6 × 10^8 yuan，其他省份依次为：广西、广东、浙江和福建。

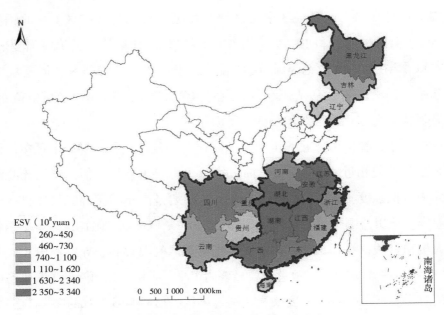

图 2-7 稻田生态服务价值总量空间分布

通过比较各省 2010—2014 年和 1980—1984 年的均值，进一步分析了近 40 年来各省稻田生态服务价值总量的变化。如图 2-8 所示，在 18 个省份中，除广西、浙江、福建和广东 4 个省区外，其他省份生态服务价值总量均有不同程度增加。其中黑龙江省增加幅度最大，而四川省增加幅度最小。

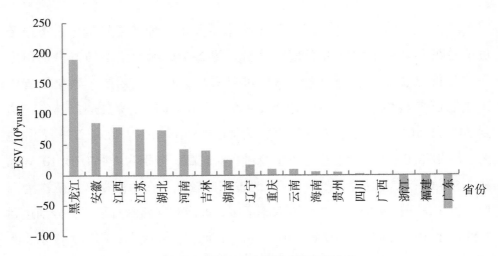

图 2-8 各省稻田生态服务价值总量变化

图 2-9 显示的是单位面积生态服务价值的空间分布。从中可以看出，在东北稻区，吉林省生态服务价值的单位面积强度最高，为 7.72 yuan/m²；黑龙江和辽宁较低，分别为 6.59 yuan/m² 和 6.90 yuan/m²。在长江中下游稻区，湖北省单位面积强度（14.54 yuan/m²）高于安徽、江苏和河南；在西南稻区，重庆单位面积强度远大于其他 3 个省份。在南方双季稻区，生态服务

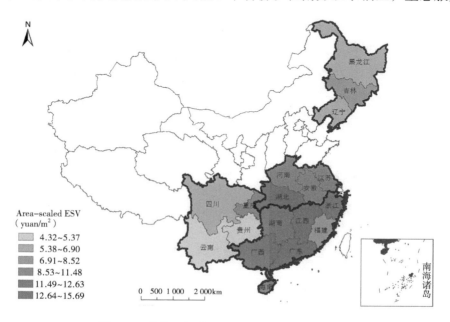

图 2-9　单位面积稻田生态服务价值空间分布

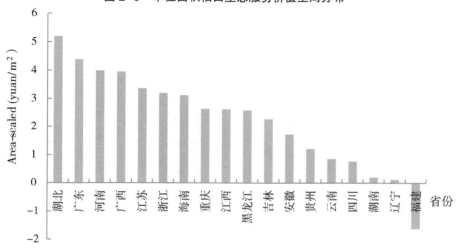

图 2-10　各省单位面积稻田生态服务价值变化

价值强度依次为：广东、广西、江西、海南、浙江和福建。图 2–10 显示的是各省份单位面积强度的变化。从中可以看出，除福建外，其他省份均表现为增加趋势。其中，湖北省增加最大，达到 5.20 yuan/m^2。

单位产量强度的空间分布与上述总量、单位面积强度的分布存在较大差异。从图 2–11 中可以看出，在东北稻区，黑龙江、吉林和辽宁 3 个省单位产量强度相近，分别为 9.50 yuan/kg、9.49 yuan/kg 和 9.11 yuan/kg。在长江中下游稻区，湖北、安徽和河南 3 个省单位产量强度相近，高于江苏。在西南稻区，重庆单位产量强度高于其他 3 个省份。在南方双季稻区，依次为海南、广西、江西、浙江、广东、福建和湖南。从历史变化来看，仅有浙江、安徽、广东、湖北等 7 个省份单位产量强度表现出增加趋势。其中，浙江省增加幅度最大，达到 5.40yuan/kg。其他 11 个省份均呈降低趋势，福建省降低幅度最大，达到 2.83yuan/kg。

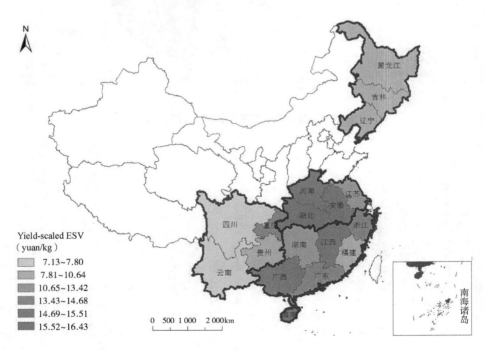

图 2–11　单位产量稻田生态服务价值空间分布

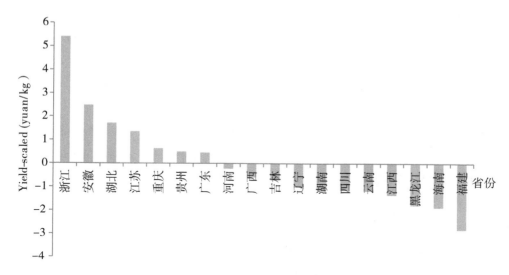

图 2-12 各省单位产量稻田生态服务价值变化

参考文献

李向东，陈尚洪，陈源泉，等 .2006. 四川盆地稻田多熟高效保护性耕作模式的生态系统服务价值评估 [J]. 生态学报 26（11）：3 782-3 788.

肖玉，谢高地，鲁春霞，等 . 2005. 稻田气体调节功能形成机制及其累积过程 [J]. 生态学报：3 282-3 288.

周锡跃，李凤博，徐春春，等 . 2009. 浙江稻田人工湿地生态系统服务价值评估 [J]. 浙江农业科学：971-974.

IPCC, 2006. Intergovernmental Panel on Climate Change/Organization for Economic Cooperation and Development. Guidelines for national greenhouse gas inventories in 2006[J]. kanagawaken :Institute for global environmental strategies of Japan（IGES）.

Kim T C, Gim U S, Kim J S, et al., 2006. The multi-functionality of paddy farming in Korea[J]. Paddy and Water Environment, 4：169-179.

Li D, Liu M, Cheng Y, et al., 2011. Methane emissions from double-rice cropping system under conventional and no tillage in southeast China[J]. Soil & Tillage Research, 113：77-81.

Li J, Jin B, Cui Y, et al., 2001. Estimation on the environmental cost of rice production in China Hubei and Hunan case study[J]. Acta Ecologica Sinica, 21 (9) : 1 474-1 483.

Li X, Chen S, Chen Y, et al., 2006. Evaluation of the multi-cropping ecosystem services under conservation tillage paddy field in Sichuan basin[J]. Acta Ecologica Sinica, 26 : 3782-3788.

Linquist B, van Groenigen K J, Adviento-Borbe M A, et al., 2012. An agronomic assessment of greenhouse gas emissions from major cereal crops[J]. Global Change Biology, 18 : 194-209.

Liu C W, Zhang S W, Yao H P, et al., 2010. Appraisal of affordable green subsidy of rice paddy in Taiwan[J]. Paddy and Water Environment, 8 : 207-216.

Liu L, Yin C, Qian X. 2015. Calculaton methods of paddy ecosystem service value and application : a case study of Suzhou City[J]. Progress in Geography, 34 : 92-99.

Natuhara Y. 2013. Ecosystem services by paddy fields as substitutes of natural wetlands in Japan[J]. Ecological Engineering, 56 : 97-106.

Qin Z, Zhang J, Luo S, et al., 2010. Estimation of ecological services value for the rice-duck farming system[J]. Resource Science, 32 : 864-872.

Shang Q, Yang X, Gao C, et al., 2010. Net annual global warming potential and greenhouse gas intensity in Chinese double rice-cropping systems : a 3-year field measurement in long-term fertilizer experiments[J]. Global Change Biology, 2 196-2 210.

Sheng J, Chen L, Zhu P. 2008. Evaluation of ecological service value of rice-wheat rotation ecosystem[J]. Chinese Journal of Eco-agriculture, 16 : 1 541-1 545.

Verburg P H, Van der Gon H. 2001. Spatial and temporal dynamics of methane emissions from agricultural sources in China[J]. Global Change Biology, 7 : 31-47.

Wang S, Wang K, Huang G. 2011. A study on ecosystem service value of paddy fields in multiple cropping system in southern hilly areas of China- taking Yujiang County as an example[J]. Acta Agriculturae Universitatis Jiangxiensis, 33 : 636-642.

Xiao Y, An K, Xie G, et al., 2011. Evaluation of ecosystem services provided by 10 typical rice paddies in China[J]. Journal of Resources and Ecology, 2 : 328-337.

Xiao Y, Xie G, Lu C, et al., 2005. The value of gas exchange as a service by rice paddies in suburban Shanghai, PR China[J]. Agriculture, Ecosystems & Environment (109) : 273-283.

Zhang W, Ding Y, Wang L, et al., 2007. The significant of paddy ecosystems in environmental health and sustainable development of economy in the regions around Tai Lake[J]. Science & Technology Review, 25 : 24-29.

敖和军，邹应斌，申建波，等. 2007. 早稻施氮对连作晚稻产量和氮肥利用率及土壤有效氮含量的影响 [J]. 植物营养与肥料学报（5）：772-780.

白月明，郭建平，刘玲，等. 2001. 臭氧对水稻叶片伤害、光合作用及产量的影响 [J]. 气象（6）：17-22.

曹景蓉，洪业汤. 1996. 贵阳郊区水稻田甲烷释放通量的研究 [J]. 土壤通报（1）：19-22.

曹志，邢文婷，廖丁恒，等. 2012. 不同基本苗对湖南双季早稻产量形成的影响 [J]. 中国农学通报（24）：86-92.

陈关，李木英，石庆华，等. 2011. 施氮量对直播稻群体发育及产量的影响 [J]. 作物杂志（1）：33-37.

陈海飞，冯洋，蔡红梅，等. 2014. 氮肥与移栽密度互作对低产田水稻群体结构及产量的影响 [J]. 植物营养与肥料学报（6）：1 319-1 328.

陈恺林，刘功朋，张玉烛，等. 2014. 不同施肥模式对水稻干物质、产量及其植株中氮、磷、钾含量的影响 [J]. 江西农业学报（4）：1-5.

陈立才，叶厚专，李艳大，等. 2013. 丘陵双季稻机械化生产高产栽培技术研究 [J]. 中国农机化学报（2）：52-58.

陈琳，乔志刚，李恋卿，等. 2013. 施用生物质炭基肥对水稻产量及氮素利用的影响 [J]. 生态与农村环境学报（5）：671-675.

陈贤友，吴良欢，韩科峰，等. 2010. 包膜尿素和普通尿素不同掺混比例对水稻产量与氮肥利用率的影响 [J]. 植物营养与肥料学报（4）：918-923.

陈小荣，潘晓华. 2000. 不同施氮方式及抛栽密度对长秧龄抛秧水稻产量形成的影响 [J]. 江西农业大学学报（3）：322-326.

陈新红，刘凯，徐国伟，等. 2004. 氮素与土壤水分对水稻养分吸收和稻米品质的影响 [J]. 西北农林科技大学学报（自然科学版）（3）：15-19, 24.

陈宇，马均，童平，等. 2009. 氮肥运筹对大苗三角强化栽培水稻生理和产量的影响 [J]. 西南农业学报（2）：357-363.

陈展，王效科，谢居清，等. 2007. 水稻灌浆期臭氧暴露对产量形成的影响 [J]. 生态毒理学报（2）：208-213.

程建峰，戴廷波，曹卫星，等 . 2007. 不同氮收获指数水稻基因型的氮代谢特征 [J].
作物学报（3）：497-502.

程建平，罗锡文，樊启洲，等 . 2010. 不同种植方式对水稻生育特性和产量的影响
[J]. 华中农业大学学报（1）：1-5.

程旺大，张国平，赵国平，等 . 2003. 嘉早 935 水稻覆膜旱栽的物质积累及运转研究
[J]. 作物学报（3）：413-418.

程兆伟，邹应斌，刘武，等 . 2008. 不同耕作方式对超级杂交稻两优培九产量形成和
养分吸收的影响 [J]. 作物研究（4）：259-262.

仇少君，赵士诚，苗建国，等 . 2012. 氮素运筹对两个晚稻品种产量及其主要构成因素的
影响 [J]. 植物营养与肥料学报（6）：1 326-1 335.

代光照，李成芳，曹凑贵，等 . 2009. 免耕施肥对稻田甲烷与氧化亚氮排放及其温室
效应的影响 [J]. 应用生态学报（20）：2 166-2 172.

董桂春，王余龙，杨洪建，等 . 2002. 开放式空气 CO_2 浓度增高对水稻 N 素吸收利用的
影响 [J]. 应用生态学报（10）：1 219-1 222.

董桂春，于小凤，赵江宁，等 . 2009. 不同穗型常规籼稻品种氮素吸收利用的基本特
点 [J]. 作物学报（11）：2 091-2 100.

杜尧东，刘锦銮，杨宁，等 . 2005. 赤红壤早稻田甲烷排放通量及其影响因素 [J]. 生
态学杂志（24）：939-942.

杜永，王艳，黄生元，等 . 2013. 淮北地区偏大穗型中粳水稻品种株型特征和稻米品
质 [J]. 中国稻米（5）53-56.

杜永，王艳，王学红，等 . 2007. 黄淮地区不同粳稻品种株型、产量与品质的比较分
析 [J]. 作物学报（7）：1 079-1 085.

段彬伍，卢婉芳，陈苇，等 . 1999. 种植杂交稻对甲烷排放的影响及评价 [J]. 中国环
境科学（19）：397-401.

范大泳，莫绍芬，蒋满英，等 . 2007. 氮肥运筹对晚稻产量和氮素利用率的影响 [J].
广西农业生物科学（4）：312-316.

方文英，金国强，郑洪福，等 . 2011. 机插超高产早稻品种的生长特性和产量比较
[J]. 中国稻米（4）：42-44.

冯洋，陈海飞，胡孝明，等 . 2014. 高、中、低产田水稻适宜施氮量和氮肥利用率的
研究 [J]. 植物营养与肥料学报（1）7-16.

冯跃华，邹应斌，Roland J B，等 . 2006. 不同耕作方式对杂交水稻根系特性及产量的影响 [J]. 中国农业科学（4）：693-701.

冯跃华，邹应斌，Roland J B，等 . 2006. 免耕直播对一季晚稻田土壤特性和杂交水稻生长及产量形成的影响 [J]. 作物学报（11）：1 728-1 736.

冯跃华，邹应斌，Roland J B. 2011. 免耕移栽对两系杂交水稻两优培九若干群体特征的影响 [J]. 中国水稻科学（1）：65-70.

冯跃华，邹应斌，敖和军，等 . 2004. 不同施氮量对免耕 / 翻耕移栽稻生长及产量形成的影响 [J]. 作物研究（3）：145-150.

冯跃华，邹应斌，王淑红，等 . 2004. 免耕对土壤理化性状和直播稻生长及产量形成的影响 [J]. 作物研究（3）：137-140.

付力成，王人民，孟杰，等 . 2010. 叶面锌、铁配施对水稻产量、品质及锌铁分布的影响及其品种差异 [J]. 中国农业科学（24）：5 009-5 018.

付立东，隋鑫 . 2014. 不同取秧量与穴距对机插水稻产量的影响 [J]. 江苏农业科学（12）：70-72.

付立东，王宇，李旭，等 . 2014. 氮素基蘖穗肥施入比例对机插水稻生育及产量的影响 [J]. 广东农业科学（19）：52-55.

付立东，王宇，李旭，等 . 2012. 滨海盐碱稻区钾肥施入量对水稻产量及钾肥利用率的影响 [J]. 农业工程（1）：80-83.

付立东，王宇，隋鑫，等 . 2010. 氮素基蘖穗肥不同施入比例对超级稻生育及产量的影响 [J]. 作物杂志（5）：34-38.

付立东，王宇，隋鑫，等 . 2010. 氮肥运筹对滨海盐碱地水稻生育及产量的影响 [J]. 沈阳农业大学学报（3）：327-330.

傅志强，黄璜，谢伟，等 . 2009. 高产水稻品种及种植方式对稻田甲烷排放的影响 [J]. 应用生态学报（20）：3 003-3 008.

傅志强，黄璜，谢伟，等 . 2009. 高产水稻品种及种植方式对稻田甲烷排放的影响 [J]. 应用生态学报（12）：167-172.

吕雪娟，杨军，陈玉芬，等 . 1998. 广州地区早稻品种与施肥对稻田甲烷排放通量的影响研究 [J]. 华南农业大学学报（自然科学版）（19）：87-91.

傅志强，朱华武，陈灿，等 . 2012. 双季稻田 CH_4 和 N_2O 排放特征及品种筛选研究 [J]. 环境科学（7）：2 475-2 481.

龚金龙，邢志鹏，胡雅杰，等 . 2014. 籼、粳超级稻氮素吸收利用与转运差异研究

[J]. 植物营养与肥料学报（4）：796-810.

谷晓岩，梁正伟，黄立华，等.2011.不同播种量对秧苗素质和盐碱地水稻产量的影响 [J]. 华北农学报（S2）：65-69.

顾克军，杨四军，张斯梅，等.2011.不同生产条件下留茬高度对水稻秸秆可收集量的影响 [J]. 中国生态农业学报（4）：831-835.

顾伟，李刚华，杨从党，等.2009.特殊生态区水稻超高产生态特征研究 [J]. 南京农业大学学报（4）：1-6.

郭二男，华国怀，高建春，等.1986.太湖地区水稻品种的演变和利用 [J]. 江苏农业学报（4）：42-44.

郭腾飞，梁国庆，周卫，等.2015.施肥对稻田温室气体排放及土壤养分的影响 [J]. 植物营养与肥料学报（1）：1-11.

韩广轩，朱波，高美荣.2006.水稻油菜轮作稻田甲烷排放及其总量估算 [J]. 中国生态农业学报（1）：134-137.

韩广轩，朱波，江长胜，等.2005.川中丘陵区稻田甲烷排放及其影响因素 [J]. 农村生态环境（21）1-6.

贺非，马友华，杨书运，等.2013.不同施肥技术对单季稻田 CH_4 和 N_2O 排放的影响研究 [J].农业环境科学学报（10）：2 093-2 098.

侯晓莉.2012.不同施肥措施下双季稻田固碳减排研究 [D].北京：中国农业科学院.

胡泓，王光火，张奇春.2004.田间低钾胁迫条件下水稻对钾的吸收和利用效率 [J]. 中国水稻科学（6）：53-58.

胡泓，王光火.2003.钾肥对杂交水稻养分积累以及生理效率的影响 [J]. 植物营养与肥料学报（2）：184-189.

胡泓，王光火.2003.金华长期定位试验中杂交水稻的钾素营养特征研究 [J]. 浙江大学学报（农业与生命科学版）（3）：23-26.

胡钧铭，何礼健，江立庚，等.2012.不同施氮下优质稻植株花后碳氮物质流转与籽粒生长的相关性 [J]. 西南农业学报（3）：922-929.

胡鹏.2012.不同栽培技术对水稻产量及氮素吸收的影响 [J]. 农技服务（6）：664-665.

黄冬芬，奚岭林，杨立年，等.2008.不同耐镉基因型水稻农艺和生理性状的比较研究 [J]. 作物学报（5）：809-817.

黄福泉，柳敏，徐燕，等 . 2014. 爱密挺对水稻产量及质量安全的影响 [J]. 上海农业科技（2）：93-94.

黄河仙，王凯荣，谢小立 . 2008. 不同施氮水平和稻草添加量对水稻和玉米产量的影响 [J]. 农业现代化研究（4）：486-489.

黄立华，梁正伟，王明明，等 . 2012. 覆膜栽培对盐碱地水稻生长的影响及节水潜力初探 [J]. 华北农学报（S1）：106-110.

黄农荣，钟旭华，郑海波 . 2007. 水稻"三控"施肥技术示范应用效果 [J]. 广东农业科学（5）：16-18.

黄育民，李义珍，庄占龙，等 . 1996. 杂交稻高产群体干物质的积累运转 Ⅰ . 干物质的积累运转 [J]. 福建省农科院学报（2）：7-11.

黄元财，王术，吴晓冬，等 . 2004. 肥水条件对不同类型水稻干物质积累与分配的影响 [J]. 沈阳农业大学学报（4）：346-349.

黄忠林，唐湘如，王玉良，等 . 2012. 增香栽培对香稻香气和产量的影响及其相关生理机制 [J]. 中国农业科学（6）：1 054-1 065.

霍莲杰，纪雄辉，吴家梅，等 . 2013. 不同外源有机碳对稻田甲烷排放和易氧化有机碳的影响 [J]. 农业现代化研究（4）：496-501.

霍中洋，姚义，张洪程，等 . 2012. 播期对直播稻光合物质生产特征的影响 [J]. 中国农业科学（13）：2 592-2 606.

姬广梅，罗德强，江学海，等 . 2013. 不同氮肥运筹模式对杂交水稻川香 9838 物质生产及产量的影响 [J]. 贵州农业科学（11）：18-21.

江立庚，王维金，徐竹生 . 1995. 籼型水稻品种物质生产与产量演变规律的研究 [J]. 华中农业大学学报（6）：549-554.

姜新有，周江明 . 2011. 氮素运筹对免耕移植水稻产量及氮素利用率的影响 [J]. 江西农业学报（9）：104-108.

蒋晨 . 2013. 生物质炭施用对稻田温室气体排放的影响及环境效益分析 [D]. 杭州：浙江农林大学 .

蒋静艳 . 2001. 农田土壤甲烷和氧化亚氮排放的研究 [D]. 南京：南京农业大学 .

金良，鲁远源，李贤勇，等 . 2009. 重穗型水稻品种 Ⅱ 优 6078 物质积累与运转的研究 [J]. 西南大学学报（自然科学版）（2）：103-107.

雷振山，肖荣英，卫云飞，等 . 2014. 豫南丘陵区施氮与密度对水稻产量及氮肥利用率的影响 [J]. 湖北农业科学（14）：3 247-3 250.

李波，荣湘民，谢桂先，等.2013.有机无机肥配施条件下稻田系统温室气体交换及综合温室效应分析 [J].水土保持学报（6）：298-304.

李春寿，叶胜海，陈炎忠，等.2005.高产粳稻品种的产量构成因素分析 [J].浙江农业学报（4）：177-181.

李迪秦，唐启源，秦建权，等.2011.水稻光能辐射利用率与产量的关系 [J].湖南农业大学学报（自然科学版）（1）：1-6.

李迪秦，唐启源，秦建权，等.2010.施氮量与氮管理模式对超级稻产量和辐射利用率影响 [J].核农学报（4）：809-814.

李红宇，侯昱铭，陈英华，等.2009.东北地区水稻主要株型性状比较分析 [J].作物学报（5）：921-929.

李鸿伟，杨凯鹏，曹转勤，等.2013.稻麦连作中超高产栽培小麦和水稻的养分吸收与积累特征 [J].作物学报（3）：464-477.

李杰，张洪程，常勇，等.2011.不同种植方式水稻高产栽培条件下的光合物质生产特征研究 [J].作物学报（7）：1 235-1 248.

李杰，张洪程，钱银飞，等.2009.两个杂交粳稻组合超高产生长特性的研究 [J].中国水稻科学（2）：179-185.

李景蕻，李刚华，张应贵，等.2009.精确定量栽培对高海拔寒冷生态区水稻株型及产量的影响 [J].中国农业科学（9）：3 067-3 077.

李静，王术，王伯伦，等.2009.粳稻品种干物质的积累、分配及运转特性研究 [J].江苏农业科学（5）：83-85.

李曼莉，徐阳春，沈其荣，等.2003.旱作及水作条件下稻田 CH_4 和 N_2O 排放的观察研究 [J].土壤学报（40）：864-869.

李敏，马均，傅泰露，等.2009.大田生长期全程高温胁迫对杂交水稻生育后期生长发育及产量形成的影响 [J].杂交水稻（4）：65-71.

李敏，张洪程，姬广梅.2013.中熟籼稻和粳稻的高产生育特性比较 [J].贵州农业科学（12）：46-49.

李敏，张洪程，杨雄，等.2013.水稻高产氮高效型品种的物质积累与转运特性.作物学报（1）：101-109.

李木英，石庆华，黄才立，等.2010.穗肥运筹对超级杂交稻淦鑫 688 源库特征和氮肥效益的影响 [J].杂交水稻（2）：63-72.

李锐.1997.高收获指数型优质水稻新品种粤香占 [J].广东农业科学（6）：43.

李世峰，刘蓉蓉，周宇 . 2012. 不同施氮量对高沙土地区机插水稻产量及氮肥利用的
　　影响 [J]. 中国稻米（3）: 47-49, 53.

李旭毅，孙永健，程洪彪，等 . 2011. 两种生态条件下氮素调控对不同栽培方式水稻
　　干物质积累和产量的影响 [J]. 植物营养与肥料学报（4）: 773-781.

李艳芳，袁珍贵，易镇邪，等 . 2013. 3 个烟后晚稻品种产量性状与养分利用及对氮肥的
　　响应 [J]. 作物研究（2）: 103-107.

李昱，何春梅，李清华，等 . 2013. 紫云英一次播种多年还田对中稻产质量及土壤肥力的
　　影响 [J]. 湖南农业科学（5）: 42-44.

李泽铭，肖培村，李静，等 . 2011. 国审水稻品种内香 2550 氮肥施量研究 [J]. 农业
　　科技通信（10）: 33-35.

廖耀平，陈钊明，陈粤汉 . 1998. 优质稻粤香占试验初报 [J]. 广东农业科学（1）:
　　9-10.

林伟宏，王大力 . 1998. 大气二氧化碳升高对水稻生长及同化物分配的影响 [J]. 科学
　　通报（21）: 2 299-2 302.

刘芳，樊小林 . 2005. 覆盖旱种水稻的农学性状及产量变化 [J]. 西北农林科技大学学
　　报（自然科学版）（2）: 63-68.

刘刚，庄义庆，杨敬辉，等 . 2014. 腐秆剂与秸秆配施对稻田 N_2O 排放的影响 [J].
　　环境科学学报（3）: 736-741.

刘怀珍，黄庆，陈友订，等 . 2004. 水稻种衣剂增产效果分析 [J]. 耕作与栽培（6）: 30-32.

刘怀珍，黄庆，陆秀明，等 . 2004. 水稻强化栽培插植规格对茎蘖成穗和穗部性状影响的
　　研究 [J]. 广东农业科学（1）: 12-15.

刘军，刘美菊，官玉范，等 . 2010. 水稻覆膜湿润栽培体系中的作物生长速率和氮素吸收
　　速率 [J]. 中国农业大学学报（2）: 9-17.

刘树伟 . 2012. 农业生产方式转变对稻作生态系统温室气体（CO_2、CH_4 和 N_2O）排放的
　　影响 [D]. 南京: 南京农业大学 .

刘兴，隋鑫，谭桂荣，等 . 2013. 滨海稻区不同移栽方式对水稻生育特性及经济效益的
　　影响 [J]. 北方水稻（3）: 29-31, 41.

刘学，朱练峰，陈琛，等 . 2009. 超微气泡增氧灌溉对水稻生育特性及产量的影响 [J].
　　灌溉排水学报（5）: 89-91, 98.

刘艳，孙文涛，宫亮，等 . 2014. 水分调控对水稻根际土壤及产量的影响 [J]. 灌溉排
　　水学报（2）: 98-100.

刘志祥 . 2013. 耕作方式对水稻—油菜轮作紫色土温室气体排放的影响 [D]. 重庆：西南大学 .

鲁艳红，廖育林，汤海涛，等 . 2010. 不同施氮量对水稻产量、氮素吸收及利用效率的影响 [J]. 农业现代化研究（4）：479-483.

陆强，王继琛，李静，等 . 2014. 秸秆还田与有机无机肥配施在稻麦轮作体系下对籽粒产量及氮素利用的影响 [J]. 南京农业大学学报（6）：66-74.

孟士权 . 1981. 昆明地区水稻高产栽培研究 [J]. 云南农业科技（3）：5-15.

莫亚丽，蒋鹏，詹可，等 . 2008. 不同耕作方式对超级杂交稻剑叶生理指标和籽粒灌浆特性的影响 [J]. 作物研究（4）：235-238，242.

聂俊，严卓晟，肖立中，等 . 2013. 超声波处理对水稻发芽特性及产量和品质的影响 [J]. 广东农业科学（1）：13-15.

欧志英，彭长连，阳成伟，等 . 2003. 超高产水稻剑叶的高效光合特性 [J]. 热带亚热带植物学报（1）1-6.

裴鹏刚，张均华，朱练峰，等 . 2014. 秸秆还田对水稻固碳特性及产量形成的影响 [J]. 应用生态学报（10）：2 885-2 891.

彭华，纪雄辉，吴家梅，等 . 2015. 双季稻田不同种植模式对 CH_4 和 N_2O 排放的影响研究 [J]. 生态环境学报（2）：190-195.

彭世彰，侯会静，徐俊增，等 . 2012. 稻田 CH_4 和 N_2O 综合排放对控制灌溉的响应 [J]. 农业工程学报（13）：121-126.

彭耀林，朱俊英，唐建军，等 . 2004. 有机无机肥长期配施对水稻产量及干物质生产特性的影响 [J]. 江西农业大学学报（4）：485-490.

秦俭，杨志远，孙永健，等 . 2014. 不同穗型杂交籼稻物质积累、氮素吸收利用和产量的差异比较 [J]. 中国水稻科学（5）：514-522.

秦晓波，李玉娥，刘克樱，等 . 2006. 不同施肥处理稻田甲烷和氧化亚氮排放特征 [J]. 农业工程学报（22）：143-148.

秦晓波，李玉娥，刘克樱，等 . 2006. 长期施肥对湖南稻田甲烷排放的影响 [J]. 中国农业气象（1）：19-22.

秦晓波，李玉娥，万运帆，等 . 2014. 耕作方式和稻草还田对双季稻田 CH_4 和 N_2O 排放的影响 [J]. 农业工程学报（11）：216-224.

秦晓波 . 2011. 减缓华中典型双季稻田温室气体排放强度措施的研究 [D]. 北京：中国农业科学院 .

阮新民, 施伏芝, 罗志祥. 2011. 施氮对高产杂交水稻生育后期叶碳氮比与氮素吸收利用的影响 [J]. 中国土壤与肥料 (2): 35-38.

商庆银, 杨秀霞, 成臣, 等. 2015. 秸秆还田条件下不同水分管理对双季稻田综合温室效应的影响 [J]. 中国水稻科学 (2): 181-190.

邵国军, 张秀茹, 韩勇, 等. 2004. 辽粳 9 号高产机理分析及栽培技术要点 [J]. 沈阳农业大学学报 (4): 304-307.

石生伟, 李玉娥, 李明德, 等. 2011. 不同施肥处理下双季稻田 CH_4 和 N_2O 排放的全年观测研究 [J]. 大气科学 (35): 707-720.

石生伟, 李玉娥, 秦晓波, 等. 2011. 晚稻期间秸秆还田对早稻田 CH_4 和 N_2O 排放以及产量的影响 [J]. 土壤通报 (42): 336-341.

石生伟, 李玉娥, 万运帆, 等. 2011. 不同氮、磷肥用量下双季稻田的 CH_4 和 N_2O 排放 [J]. 环境科学 (32): 1 899-1 907.

石英, 冉炜, 沈其荣, 等. 2001. 不同施氮水平下旱作水稻土壤无机氮的动态变化及其吸氮特征 [J]. 南京农业大学学报 (2): 61-65.

石英, 沈其荣, 冉炜. 2002. 半腐解秸秆覆盖下旱作水稻对 ^{15}N 的吸收和分配 [J]. 中国水稻科学 (3): 39-45.

时亚文. 2012. 双季稻不同栽培模式氨挥发与温室气体排放研究 [D]. 长沙: 湖南农业大学.

史鸿儒, 张文忠, 陈佳, 等. 2008. 不同氮肥运筹模式对北方粳型超级稻产量形成及氮肥利用率的影响 [J]. 中国稻米 (4): 54-57.

宋桂云, 苏雅乐, 苏慧, 等. 2008. 田间低磷胁迫对沈农 265 和辽粳 294 水稻产量性状的影响 [J]. 内蒙古民族大学学报 (自然科学版) (6): 632-636.

宋双, 王宇, 付立东, 等. 2014. 秧龄对机插水稻生长发育及产量影响 [J]. 北方水稻 (2): 10-14.

宋学栋, 潘旭东. 2004. 土壤水分与氮素对水稻生长发育和产量的影响 [J]. 石河子大学学报 (自然科学版) (4): 292-294.

苏连庆, 李志忠, 陈进明, 等. 1999. 闽南 1998 年超级稻品种示范总结 [J]. 福建稻麦科技 (2): 16-18.

隋鑫, 李旭, 吕小红, 等. 2014. 不同基本苗对机插水稻生育及产量的影响 [J]. 现代农业科技 (19): 9-10.

隋鑫, 王宇, 李旭, 等. 2014. 不同栽插密度对水稻盐粳 218 生育及产量的影响 [J].

北方水稻（4）：23-25，38.

孙永健，马均，孙园园，等.2014.水氮管理模式对杂交籼稻冈优527群体质量和产量的影响[J].中国农业科学（10）：2 047-2 061.

孙永健，孙园园，李旭毅，等.2010.不同灌水方式和施氮量对水稻群体质量和产量形成的影响[J].杂交水稻（S1）：408-416.

孙永健，郑洪帧，徐徽，等.2014.机械旱直播方式促进水稻生长发育提高产量[J].农业工程学报（20）：10-18.

孙园园，孙永健，杨志远，等.2013.不同形态氮肥与结实期水分胁迫对水稻氮素利用及产量的影响[J].中国生态农业学报（3）：274-281.

索巍巍，付立东，王宇，等.2014.钾肥对水稻产量及钾肥利用率的影响[J].北方水稻（2）：18-21，25.

唐海明，汤文光，帅细强，等.2010.不同冬季覆盖作物对稻田甲烷和氧化亚氮排放的影响[J].应用生态学报（21）：3 191-3 199.

唐海明，汤文光，肖小平，等.2010.冬季覆盖作物对南方稻田水稻生物学特性及产量性状的影响[J].中国农业科技导报（3）：108-113.

唐相群，王怀昕，张元琴，等.2009.贵州省主要自育杂交水稻超高产潜力研究[J].安徽农业科学（2）：540-541，543.

唐湘如，官春云，余铁桥.1999.不同基因型水稻产量和品质的物质代谢研究[J].湖南农业大学学报（4）：279-282.

陶诗顺，罗小蓉.2008.杂糯间栽模式下水稻生长发育和产量效应研究[J].西南科技大学学报（3）：90-94.

陶诗顺，马均.1998.杂交中稻超多蘖壮秧超稀栽培高产原理探讨[J].西南农业学报（S3）：38-44.

陶诗顺，王学春，徐健蓉.2012.半干旱栽培稻田不同秸秆覆盖材料的产量效应[J].干旱地区农业研究（4）：139-144.

田卡，张丽，钟旭华，等.2015.稻草还田和冬种绿肥对华南双季稻产量及稻田CH_4排放的影响[J].农业环境科学学报（3）：592-598.

屠乃美，官春云.1999.水稻幼穗分化期间减源对源库关系的影响[J].湖南农业大学学报（6）：6-12.

汪文清.1991.丘陵区麦茬水稻免耕技术初探[J].西南科技大学学报（哲学社会科学版）（1）：16-20，37.

王聪，沈健林，郑亮，等 . 2014. 猪粪化肥配施对双季稻田 CH_4 和 N_2O 排放及其全球增温潜势的影响 [J]. 环境科学（8）：3 120-3 127.

王丹，付立东，吕小红 . 2014. 氮肥运筹对机插水稻产量及氮肥利用率的影响 [J]. 湖北农业科学（22）：5 372-5 374，5 415.

王丹英，章秀福，李华，等 . 2007. 利用农垦 58 衍生系研究浙江省晚粳产量和植株形态的改良 [J]. 中国农业科学（12）：2 903-2 909.

王凤丽，陶诗顺，鲁有均，等 . 2013. 穴栽株数对超长龄秧迟栽杂交稻成穗结构和穗部性状的影响 [J]. 江苏农业科学（1）：62-64.

王海候，沈明星，陆长婴，等 . 2014. 不同秸秆还田模式对稻麦两熟农田稻季甲烷和氧化亚氮排放的影响 [J]. 江苏农业学报（4）：758-763.

王海勤 . 2007. 杂交水稻生育与施氮量相关性研究 [J]. 福建农业学报（3）：245-250.

王鹄生，罗会明，彭景武 . 1998. 水稻不同千粒重品种播种密度与播种量的关系 [J]. 农业现代化研究（1）：40-43.

王丽丽，闫晓君，江瑜，等 . 2013. 超级稻宁粳 1 号与常规粳稻 CH_4 排放特征的比较分析 [J]. 中国水稻科学（4）：413-418.

王石平，刘克德，王江，等 . 1998. 用同源序列的染色体定位寻找水稻抗病基因 DNA 片段 [J]. 植物学报，40（1）：42-50.

王思潮，曹凑贵，李成芳，等 . 2014. 鄂东南冷浸田不同中稻品种产量及生理研究 [J]. 湖北农业科学（16）：3 736-3 740.

王思潮，曹凑贵，李成芳，等 . 2014. 鄂东南冷浸田不同中稻品种产量及生理研究 [J]. 湖北农业科学（16）：3 736-3 740.

王维，蔡一霞，蔡昆争，等 . 2005. 土壤水分亏缺对水稻茎秆贮藏碳水化合物向籽粒运转的调节 [J]. 植物生态学报（5）：819-828.

王卫，谢小立，陈安磊 . 2013. 阴雨寡照地区高产水稻的生物学特征研究 [J]. 植物资源与环境学报（3）：52-57.

王艳，陈焕淦，等 . 2013. 淮北地区偏大穗型中粳水稻品种群体特征 [J]. 内蒙古民族大学学报（自然科学版）（3）：277-281.

王毅勇，陈卫卫，赵志春，等 . 2008. 三江平原寒地稻田 CH_4 和 N_2O 排放特征及排放量估算 [J]. 农业工程学报（24）：170-176.

王宇，付立东，李旭，等 . 2013. 不同施氮量对水稻生长发育及产量的影响 [J]. 北方水稻（5）：14-17，21.

王玉英，朱波，胡春胜，等．2007．水稻强化栽培体系的 CH_4 排放特征．生态环境（16）：1 271-1 276．

王铮，韩勇，李建国，等．2010．辽宁省粳型超级稻品种生物产量与光合特性研究 [J]．北方水稻（6）：5-8．

王重阳，郑靖，顾江新，等．2006．下辽河平原单季稻田主要温室气体排放及驱动机制 [J]．农业环境科学学报（25）：237-242．

吴朝晖，周建群，袁隆平．2012．垄栽模式对海南三亚超级杂交稻主要性状和产量影响的初步研究 [J]．杂交水稻（6）：45-49．

吴合洲，马均，王贺正，等．2007．超级杂交稻的生长发育和产量形成特性研究 [J]．杂交水稻（5）：57-62．

吴建富，潘晓华，石庆华，等．2008．不同耕作方式对水稻产量和土壤肥力的影响 [J]．植物营养与肥料学报（3）：496-502．

吴建富，潘晓华，石庆华．2009．免耕抛栽对水稻产量及其源库特性的影响 [J]．作物学报（1）：162-172．

吴文革，张洪程，钱银飞，等．2007．超级杂交中籼水稻物质生产特性分析 [J]．中国水稻科学（3）：287-293．

吴文革，张四海，赵决建，等．2007．氮肥运筹模式对双季稻北缘水稻氮素吸收利用及产量的影响 [J]．植物营养与肥料学报（5）：757-764．

伍芬琳，张海林，李琳，等．2008．保护性耕作下双季稻农田甲烷排放特征及温室效应 [J]．中国农业科学（41）：2 703-2 709．

武立权，黄义德，柯建，等．2013．安徽省单季稻超高产栽培群体特征与高产途径 [J]．杂交水稻（5）：68-74．

肖应辉，余铁桥，唐湘如．1998．大穗型水稻单株产量构成研究 [J]．湖南农业大学学报（6）：9-12．

谢华安，王乌齐，杨惠杰，等．2003．杂交水稻超高产特性研究 [J]．福建农业学报（4）：201-204．

谢居清，郑启伟，王效科，等．2006．臭氧对原位条件下水稻叶片光合作用、穗部性状及产量构成的影响 [J]．西北农业学报（3）：27-30．

谢秋发，刘经荣，石庆华，等．2004．不同施肥方式对水稻产量、吸氮特性和土壤氮转化的影响 [J]．植物营养与肥料学报（5）：462-467．

辛阳，魏云霞，王清峰，等．2012．减缓施肥对水稻生长和产量形成的影响 [J]．热带作物学报（7）：1 184-1 187.

邢志鹏，胡雅杰，张洪程，等 .2014. 迟播迟栽对不同类型粳稻品种机插产量及生育期的影响 [J]. 中国稻米（3）：11-16.

熊靖 .2013. 长期不同施肥和秸秆管理对稻—麦轮作紫色土 CH_4 和 CO_2 排放的影响 [D]. 重庆：西南大学 .

徐国伟，王朋，唐成，等 .2006. 旱种方式对水稻产量与品质的影响 [J]. 作物学报（1）：112-117.

徐国伟，吴长付，刘辉，等 .2007. 秸秆还田与氮肥管理对水稻养分吸收的影响 [J]. 农业工程学报（7）：191-195.

徐寿军，冯永祥 .2003. 分布方式对不同穗型水稻群体穗的影响 [J]. 吉林农业科学（5）：3-6.

薛琳，李勇，周毅，等 .2009. 旱作条件下不同覆盖方式对水稻氮素和干物质转移利用的影响 [J]. 南京农业大学学报（2）：70-75.

薛亚光，陈婷婷，杨成，等 .2010. 中粳稻不同栽培模式对产量及其生理特性的影响 [J]. 作物学报（3）：466-476.

薛亚光，葛立立，王康君，等 .2013. 不同栽培模式对杂交粳稻群体质量的影响 [J]. 作物学报（2）：280-291.

薛亚光，王康君，颜晓元，等 .2011. 不同栽培模式对杂交粳稻常优 3 号产量及养分吸收利用效率的影响 [J]. 中国农业科学（23）：4 781-4 792.

严钦泉，邹应斌，屠乃美，等 .1998. 杂交晚稻威优 198 单产 9.0t/hm² 栽培技术探讨 [J]. 杂交水稻（6）：21-24.

晏娟，方舒，杨绳岩，等 .2014. 巢湖地区水稻氮肥利用率和最大经济效益施氮量的研究 [J]. 安徽农业大学学报（1）：105-109.

晏娟，尹斌，张绍林，等 .2008. 不同施氮量对水稻氮素吸收与分配的影响 [J]. 植物营养与肥料学报（5）：835-839.

杨彩玲，杨培忠，刘丕庆，等 .2012. 水稻新品种特优 679 的穗粒结构与物质生产特点及其高产栽培技术 [J]. 热带作物学报（10）：1 763-1 765.

杨彩玲，郑土英，刘立龙，等 .2013. 不同耕作方式下水稻品种吉优 716 产量及氮素吸收利用对氮肥运筹的响应 [J]. 广西植物（1）：96-101.

杨从党，周能，袁平荣，等 .1998. 高产水稻品种的物质生长特性 [J]. 西南农业学报（S3）：90-95.

杨从党，周能，袁平荣，等.1998.水稻结实率和若干生理因素的品种间差异及其相关研究 [J]. 中国水稻科学（3）：144-148.

杨从党，朱德峰，袁平荣，等.2006.水稻物质生产特性及其与产量的关系研究 [J]. 西南农业学报（4）：560-564.

杨东，段留生，谢华安，等.2011.花前光照亏缺对水稻物质积累及生理特性的影响 [J]. 中国生态农业学报（2）：347-352.

杨光明，武文明，沙丽清.2007.西双版纳地区稻田甲烷的排放通量 [J]. 山地学报（4）：461-468.

杨淮南.2012.早稻氮磷钾肥利用率研究 [J]. 现代农业科技（3）：95-96.

杨惠杰，杨仁崔，杨惠杰，等.2002.水稻超高产的决定因素 [J]. 福建农业学报（4）：199-203.

杨建昌，杜永，刘辉.2008.长江下游稻麦周年超高产栽培途径与技术 [J]. 中国农业科学（6）：1 611-1 621.

杨建昌，杜永，吴长付，等.2006.超高产粳型水稻生长发育特性的研究 [J]. 中国农业科学（7）：1 336-1 345.

杨建昌，王志琴，陈义芳，等.2000.旱种水稻产量与米质的初步研究 [J]. 江苏农业研究（3）：1-5.

杨建昌，徐国伟，王志琴，等.2004.旱种水稻结实期茎中碳同化物的运转及其生理机制 [J]. 作物学报（2）：108-114.

杨静，刘彦伶，吴良欢，等.2012.传统水作及覆膜旱作下包膜控释尿素对水稻产量及氮肥利用率的影响 [J]. 浙江农业学报（3）：368-372.

杨军，刘向蕊，陈小荣，等.2012.不同早稻品种（系）乳熟初期高温胁迫下产量及其构成因素的差异性分析 [J]. 江西农业大学学报（4）：635-640.

杨文治，张其蓉.2013.不同水氮处理对水稻生长发育及产量的影响 [J]. 农业科技通讯（12）：103-106.

杨稚愚，汪汉林，邹应斌.2004.播种期对杂交水稻生育期和产量的影响 [J]. 耕作与栽培（3）：18-19，24.

姚立生，高恒广，杨立彬，等.1990.江苏省20世纪五十年代以来中籼稻品种产量及有关性状的演变 [J]. 江苏农业学报（3）：38-44.

姚义，霍中洋，张洪程，等.2010.播期对不同类型品种直播稻生长特性的影响 [J]. 生态学杂志（11）：2 131-2 138.

易琼，唐拴虎，逄玉万，等 . 2014. 华南稻区不同施肥模式下土壤 CH_4 和 N_2O 排放特征 [J]. 农业环境科学学报（12）：2 478-2 484.

尤小涛，荆奇，姜东，等 . 2006. 节水灌溉条件下氮肥对粳稻稻米产量和品质及氮素利用的影响 [J]. 中国水稻科学（2）：199-204.

尤志明，黄景灿，陈明朗，等 . 2007. 杂交水稻氮钾肥施用量的研究 [J]. 福建农业学报（1）：5-9.

游年顺，雷捷成，黄利兴，等 . 1996. 水稻新组合"福优晚三"配组研究初报 [J]. 福建农业科技（2）：2-3.

于艳敏，文景芝，赵北平，等 . 2012. 施氮水平对水稻生长与产量特性的影响 [J]. 黑龙江农业科学（9）：36-38，52.

禹盛苗，姜仕仁，朱练峰，等 . 2013. 声频控制技术对水稻生长发育、产量及品质的影响 [J]. 农业工程学报（2）：141-147.

禹盛苗，金千瑜，欧阳由男，等 . 2006. "绿营高 -（TM）"生态肥在浙江不同地区水稻上的应用效果 [J]. 中国稻米（1）：41-43.

禹盛苗，金千瑜，朱练峰，等 . 2007. 绿营高 -（TM）有机生态肥对水稻生育和产量及经济效益的影响 [J]. 中国稻米（4）：70-72.

禹盛苗，朱练峰，许德海，等 . 2011. 杂交稻中浦优华占的生育特性及栽培技术 [J]. 浙江农业科学（5）：1 059-1 061.

禹盛苗，朱练峰，张均华，等 . 2014. 杂交粳稻春优 84 的生育特性及高产栽培技术 [J]. 中国稻米（3）：77-79.

袁平荣，孙传清，杨从党，等 . 2000. 云南籼稻每公顷 15 吨高产的产量及其结构分析 [J]. 作物学报（6）：756-762.

袁伟玲，曹凑贵，李成芳，等 . 2009. 稻鸭、稻鱼共作生态系统 CH_4 和 N_2O 温室效应及经济效益评估 [J]. 中国农业科学：2 052-2 060.

岳亚鹏，董鲜，周毅，等 . 2008. 水稻长期不同栽培方式对后作大麦产量及养分累积的影响 [J]. 南京农业大学学报（4）：149-153.

翟国栋，汪航，周建光，等 . 2013. 稻田紫云英与油菜不同比例混种作绿肥在水稻上的应用效果研究 [J]. 现代农业科技（24）：240-241.

詹贵生，付立东 . 2013. 不同基本苗对水稻新品种桥科 951 生育及产量的影响 [J]. 耕作与栽培（2）：7-8.

詹贵生，付立东 . 2013. 氮肥施入量对水稻新品种桥科 951 生育及产量的影响 [J]. 现代农业科技（9）：13-14，16.

詹可，莫亚丽，蒋鹏，等 .2008. 移栽密度和施氮量对天优华占干物质生产及产量的影响 [J]. 作物研究（4）：278-281.

曾爱平，敖和军，张玉烛，等 .2006. 水稻强化栽培光合特性的比较 [J]. 湖南农业科学（4）：44-46.

曾山，黄忠林，王在满，等 .2014. 不同密度对精量穴直播水稻产量的影响 [J]. 华中农业大学学报（3）：12-18.

曾祥明，韩宝吉，徐芳森，等 .2012. 不同基础地力土壤优化施肥对水稻产量和氮肥利用率的影响 [J]. 中国农业科学（14）：2 886-2 894.

曾研华，吴建富，潘晓华，等 .2013. 稻草不同还田方式对双季水稻产量及稻米品质的影响 [J]. 植物营养与肥料学报（3）：534-542.

曾燕，黄敏，蒋鹏，等 .2010. 冷浸田条件下不同类型品种的表现和高产栽培方式研究 [J]. 作物研究（3）：140-144.

曾勇军，石庆华，潘晓华，等 .2009. 长江中下游双季稻高产株型特征初步研究 [J]. 作物学报（3）：546-551.

张斌，刘晓雨，潘根兴，等 .2012. 施用生物质炭后稻田土壤性质、水稻产量和痕量温室气体排放的变化 [J]. 中国农业科学（23）：4 844-4 853.

张翠华 .2011. 滨海稻区水稻精确定量施氮技术的研究与应用 [J]. 现代农业科技（8）：276-277.

张广斌，张晓艳，马二登，等 .2010. 冬季土地管理对稻季 CH_4 产生、氧化和排放的影响 [J]. 生态与农村环境学报（26）：97-102.

张耗，剧成欣，陈婷婷，等 .2012. 节水灌溉对节水抗旱水稻品种产量的影响及生理基础 [J]. 中国农业科学（23）：4 782-4 793.

张洪松，任昌福 .1988. 几项栽培措施对杂交中稻干物质生产与分配的效应 [J]. 耕作与栽培（3）：24-28.

张洪熙，赵步洪，杜永林，等 .2008. 小麦秸秆还田条件下轻简栽培水稻的生长特性 [J]. 中国水稻科学（6）：603-609.

张建明，李建刚，管帮超，等 .2008. 不同类型水稻品种氮素吸收及利用效率的动态差异 [J]. 上海农业学报（1）：66-68.

张军科，江长胜，郝庆菊，等 .2012. 耕作方式对紫色水稻土农田生态系统 CH_4 和 N_2O 排放的影响 [J]. 环境科学（6）：1 979-1 986.

张武益，朱利群，王伟，等 . 2014. 不同灌溉方式和秸秆还田对水稻生长的影响 [J].
作物杂志（2）：113-118.

张啸林 . 2013. 不同稻田轮作体系下温室气体排放及温室气体强度研究 [D]. 南京：
南京农业大学 .

张秀茹，邱福林，王先俱，等 . 2007. 水稻新品种辽星 11 的选育、特性分析及高产栽
培技术 [J]. 中国稻米（1）：22-24.

张旭，黄农荣，黄秋妹，等 . 1999. 高产早籼稻产量构成因素初析 [J]. 热带亚热带植
物学报（S1）：23-29.

张亚洁，陈海继，刁广华，等 . 2006. 种植方式对陆稻（中旱 3 号）和水稻（武香粳
99-8）生长特性和产量形成的影响 [J]. 江苏农业学报（3）：205-211.

张耀鸿，吴洁，张亚丽，等 . 2006. 不同株高粳稻氮素累积和转运的基因型差异 [J].
南京农业大学学报（2）：71-74.

张怡，吕世华，马静，等 . 2016. 冬季水分管理和水稻覆膜栽培对川中丘陵地区冬水
田 CH_4 排放的影响 [J]. 生态学报（4）：1-9.

张玉屏，朱德峰，林贤青，等 . 2007. 强化栽培条件下干湿灌溉对水稻生长的影
响 [J]. 干旱地区农业研究（5）：109-113.

张玉屏，朱德峰，林贤青，等 . 2007. 不同灌溉方式对水稻需水量和生长的影响 [J].
灌溉排水学报（2）：83-85.

张玉烛，马国辉，何英豪，等 . 1999. 优质食用早稻百亩样方高产栽培示范与调
查 [J]. 作物研究（3）：36-39.

张岳芳，陈留根，王子臣，等 . 2010. 稻麦轮作条件下机插水稻 CH_4 和 N_2O 的排放
特征及温室效应 [J]. 农业环境科学学报（29）：1 403-1 409.

张岳芳，郑建初，陈留根，等 . 2010. 稻麦两熟制农田不同土壤耕作方式对稻季 CH_4
排放的影响 [J]. 中国农业科学（43）：3 357-3 366.

张岳芳，郑建初，陈留根，等 . 2009. 麦秸还田与土壤耕作对稻季 CH_4 和 N_2O 排放的
影响 [J]. 生态环境学报（18）：2 334-2 338.

张岳芳，周炜，陈留根，等 . 2013. 太湖地区不同水旱轮作方式下稻季甲烷和氧化亚
氮排放研究 [J]. 中国生态农业学报（3）：290-296.

张自常，李鸿伟，陈婷婷，等 . 2011. 畦沟灌溉和干湿交替灌溉对水稻产量与品质的
影响 [J]. 中国农业科学（24）：4 988-4 998.

张自常，李鸿伟，王学明，等 . 2011. 覆草对旱种直播稻产量与品质的影响 [J]. 作物

学报（10）：1 809-1 818.

赵步洪，杨建昌，朱庆森，等 . 2004. 水分胁迫对两系杂交稻籽粒充实的影响 [J]. 扬州大学学报（2）：11-16.

郑华斌，陈灿，王晓清，等 . 2013. 水稻垄栽种养模式的生态经济效益分析 [J]. 生态学杂志（11）：2 886-2 892.

郑华斌，扈婷，陈杨，等 . 2012. 稻—野鸭复合生态种养技术水稻产量及经济效益分析 [J]. 作物研究（2）：127-130，147.

郑华斌，刘建霞，姚林，等 . 2014. 垄作梯式生态稻作对水稻光合生理特性及产量的影响 [J]. 应用生态学报（9）：2 598-2 604.

郑华斌，姚林，刘建霞，等 . 2014. 种植方式对水稻产量及根系性状的影响 [J]. 作物学报（4）：667-677.

郑金和，郑炜 . 1986. 水稻高产育种技术初探 [J]. 温州农业科技（2）：17-20.

郑启伟，王效科，冯兆忠，等 . 2007. 用旋转布气法开顶式气室研究臭氧对水稻生物量和产量的影响 [J]. 环境科学（1）：170-175.

郑土英，杨彩玲，徐世宏，等 . 2012. 不同耕作方式与施氮水平下稻田 CH_4 排放的动态变化 [J]. 南方农业学报（10）：1 509-1 513.

郑土英 . 2013. 免耕和氮肥调节对稻田 CH_4 排放的影响 [D]. 南宁：广西大学 .

郑循华，王明星，王跃思，等 . 1997. 华东稻田 CH_4 和 N_2O 排放 [J]. 大气科学（21）：231-238.

钟蕾 . 2012. 不同收获指数型水稻品种产量构成整齐性及生育后期光合特性的差异性分析 [J]. 江西农业大学学报（4）：627-634.

钟旭华，郑海波，黄农荣，等 . 2006. 实地养分管理技术（SSNM）在华南双季早稻的应用效果 [J]. 中国稻米（3）30-32，36.

周亮，荣湘民，谢桂先，等 . 2014. 不同氮肥施用对双季稻产量及氮肥利用率的影响 [J]. 土壤（6）：971-975.

周淑清，牛立娜，张树林，等 . 2005. 氮素水平对不同穗型品种产量性状的影响 [J]. 中国农学通报（12）：213-216.

周薇，徐志江，付立东，等 . 2007. 水稻新品种盐粳 188 氮肥运筹技术研究 [J]. 北方水稻（3）：74-76.

周兴，谢坚，廖育林，等 . 2013. 基于紫云英利用的化肥施用方式对水稻产量和土壤碳氮含量的影响 [J]. 湖南农业大学学报（自然科学版）（2）：188-193.

周勇，黄世君，李乾安，等 . 2014. 高产大穗型水稻品种干物质积累与分配特性研究 [J]. 西南农业学报（3）：910-914.

朱从桦，代邹，严奉君，等 . 2013. 晒田强度和穗肥运筹对三角形强化栽培水稻光合生产力和氮素利用的影响 [J]. 作物学报（4）：735-743.

朱从桦，孙永健，严奉君，等 . 2014. 晒田强度和氮素穗肥运筹对不同氮效率杂交稻产量及氮素利用的影响 [J]. 中国水稻科学（3）：258-266.

邹建文，黄耀，宗良纲，等 . 2003. 不同种类有机肥施用对稻田 CH_4 和 N_2O 排放的综合影响 [J]. 环境科学（24）：7-12.

邹应斌，贺帆，黄见良，等 . 2005. 包膜复合肥对水稻生长及营养特性的影响 [J]. 植物营养与肥料学报（1）：57-63.

邹应斌，屠乃美，李合松，等 . 2000. 双季稻旺壮重栽培法的理论与技术 [J]. 湖南农业大学学报（4）：241-244.

Ahmad S, Li C, Dai G, et al. 2009. Greenhouse gas emission from direct seeding paddy field under different rice tillage systems in central China. Soil & Tillage Research 106, 54-61.

Cai Z, Tsuruta H, Gao M, et al. 2003. Options for mitigating methane emission from a permanently flooded rice field. Global Change Biology 9, 37-45.

Cai Z, Xing G, Yan X, et al. 1997. Methane and nitrous oxide emissions from rice paddy fields as affected by nitrogen fertilisers and water management. Plant and Soil 196, 7-14.

Chen R, Lin X, Wang Y, et al. 2011. Mitigating methane emissions from irrigated paddy fields by application of aerobically composted livestock manures in eastern China. Soil Use and Management 27, 103-109.

Hang X, Zhang X, Song C, et al. 2014. Differences in rice yield and CH_4 and N_2O emissions among mechanical planting methods with straw incorporation in Jianghuai area, China. Soil & Tillage Research 144, 205-210.

Jiang C, Wang Y, Zheng X, et al. 2006. Methane and nitrous oxide emissions from three paddy rice based cultivation systems in Southwest China. Advances in Atmospheric Sciences 23, 415-424.

Jiang C, Wang Y, Zheng X, et al. 2006. Methane and nitrous oxide emissions from three paddy rice based cultivation systems in Southwest China. Advances in Atmospheric

Sciences 23, 415-424.

Jiao Z, Hou A, Shi Y, et al., 2006. Water management influencing methane and nitrous oxide emissions from rice field in relation to soil redox and microbial community. Communications in Soil Science and Plant Analysis 37, 1 889-1 903.

Li D, Liu M, Cheng Y, et al. 2011. Methane emissions from double-rice cropping system under conventional and no tillage in southeast China. Soil & Tillage Research 113, 77-81.

Lu W F, Chen W, Duan B W, et al. 2000. Methane Emissions and Mitigation Options in Irrigated Rice Fields in Southeast China. Nutrient Cycling in Agroecosystems 58, 65-73.

Ma J, Li XL, Xu H, et al. 2007. Effects of nitrogen fertiliser and wheat straw application on CH_4 and N_2O emissions from a paddy rice field. Australian Journal of Soil Research 45, 359-367.

Ma J, Ma E, Xu H, et al. 2009. Wheat straw management affects CH_4 and N_2O emissions from rice fields. Soil Biology and Biochemistry 41, 1 022-1 028.

Peng S, Yang S, Xu J, et al. 2011. Field experiments on greenhouse gas emissions and nitrogen and phosphorus losses from rice paddy with efficient irrigation and drainage management. Science China-Technological Sciences 54, 1 581-1 587.

Qin Y, Liu S, Guo Y, et al. 2010. Methane and nitrous oxide emissions from organic and conventional rice cropping systems in Southeast China. Biology and Fertility of Soils 46, 825-834.

Shang Q, Yang X, Gao C, et al. 2010. Net annual global warming potential and greenhouse gas intensity in Chinese double rice-cropping systems, a 3-year field measurement in long-term fertilizer experiments. Global Change Biology 2 196-2 210.

Wang J, Chen Z, Ma Y, et al. 2013. Methane and nitrous oxide emissions as affected by organic-inorganic mixed fertilizer from a rice paddy in southeast China. Journal of Soils and Sediments 13, 1 408-1 417.

Wassmann R, Wang M X, Shangguan X J, et al. 1993. First records of a field experiment on fertilizer effects on methane emission from rice fields in Hunan Province (PR China). Geophys Res Lett 20, 2 071-2 074.

Yao Z, Zheng X, Dong H, et al. 2012. A 3-year record of N_2O and CH_4 emissions from a sandy loam paddy during rice seasons as affected by different nitrogen application rates. Agriculture, Ecosystems & Environment 152, 1-9.

Yao Z, Zheng X, Wang R, et al. 2013. Greenhouse gas fluxes and NO release from a Chinese subtropical rice-winter wheat rotation system under nitrogen fertilizer management. Journal of Geophysical Research-Biogeosciences 118, 623-638.

Yao Z, Zheng X, Wang R, et al. 2013. Nitrous oxide and methane fluxes from a rice-wheat crop rotation under wheat residue incorporation and no-tillage practices. Atmosphere Environment 79, 641-649.

Yue J, Shi Y, Liang W, et al. 2005. Methane and nitrous oxide emissions from rice field and related microorganism in black soil, Northeastern China. Nutrient Cycling in Agroecosystems 73 (2), 293-301.

Zhan M, Cao C G, Wang J P, et al. 2011. Dynamics of methane emission, active soil organic carbon and their relationships in wetland integrated rice-duck systems in Southern China. Nutrient Cycling in Agroecosystems 89, 1-13.

Zhang A, Cui L, Pan G, et al. 2010. Effect of biochar amendment on yield and methane and nitrous oxide emissions from a rice paddy from Tai Lake plain, China. Agriculture, Ecosystems & Environment 139, 469-475.

Zou J W, Liu S W, Qin Y M, et al. 2009. Sewage irrigation increased methane and nitrous oxide emissions from rice paddies in southeast China. Agriculture Ecosystems & Environment 129, 516-522.

Zou J, Huang Y, Jiang J, et al. 2005. A 3-year field measurement of methane and nitrous oxide emissions from rice paddies in China, Effects of water regime, crop residue, and fertilizer application. Global Biogeochem Cycles 19, GB2021.

第 3 章
稻作技术发展对我国稻田生态服务价值的影响

近 40 年来，随着水稻生产的不断发展，稻作技术也经历了多次变革（郭志奇，2014；马兴全等，2014；苏柏元等，2014；朱德峰等，2015）。例如，从 20 世纪 80 年代开始，水稻育秧技术逐渐由水育秧发展到湿润育秧、旱育秧，水稻栽种技术逐渐由传统的人工移栽发展到直播、抛秧、机插秧等为主的多样化方式。这些技术的发展必然会影响稻田系统的生态功能。例如，Zhang 等（2014）通过全国多点实验发现，与水育秧相比，旱育秧和湿润育秧可以显著降低育秧期的温室气体排放。然而，目前我们还缺乏对稻作技术发展对稻田生态服务价值影响的系统认知。

为此，选择我国主要稻区 18 个水稻种植省份（图 3-1），对稻作技术现状与发展趋势的进行了调查。整个调研工作以专家调查为主，通过问卷调查的形式，在这个 18 个省份中，每个省各选 5 个典型市（县），向当地从业 20 年以上的水稻栽培专家发放了调查问卷。问卷的主要内容是当地从 20 世纪 70 年代至今，水稻育秧、栽插、施肥、整地和灌溉技术的发展演变趋势。共发放调查问卷 95 份，回收有效问卷 95 份。通过调查，基本了解了我国主要水稻种植省份水稻育秧、栽插、整地、施肥和灌溉技术的现状以及历史演变过程及发展趋势。结合历史文献中稻田监测数据，重点分析了我国近 40 年来育秧、移栽、灌溉以及氮肥施用的发展对稻田生态服务价值的影响。

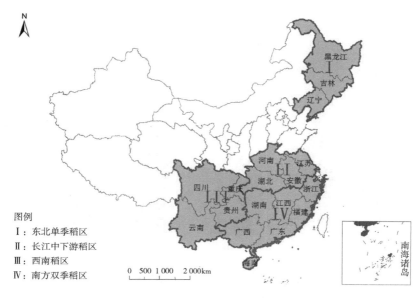

图 3-1　主要稻作省份

3.1　育秧技术发展对稻田生态服务价值的影响

如图 3-2 所示，20 世纪 80 年代至今，我国水稻育秧技术发生了较大变化。在 1980s，我国育秧技术以水育秧为主，占 58.8%；其次是湿润育秧，占 33.0%；旱育秧仅占 8.2%。此后，水育秧所占比例不断下降，旱育秧和湿润育秧比例逐渐增加。到 2010s，水育秧比例下降至 1.7%，旱育秧和湿润育秧分别增加至 34% 和 64.3%。

以 2010s 的数据，对不同省份育秧方式进行了分析。如图 3-3 所示，在不同省份，育秧方式存在较大差异。在东北稻区 3 个省份中，旱育秧所占比例最高，分别为黑龙江 88.6%、吉林 88.7% 和辽宁 93.3%。在长江中下游稻区，江苏和安徽湿润育秧所占比例最高，分别为 53.7% 和 49.6%；其次是旱育秧，分别占 43.7% 和 32.1%。在河南省，则是以水育秧比例最高，达 54.8%，其次是湿润育秧，占 41.5%。在湖北省以旱育秧比例最高，达 61.9%。在西南稻区，重庆和云南均是湿润育秧所占比例最高，分别为重庆 51.9% 和云南 72.4%；而在另外两个省份，则是旱育秧所占比例较高，分别为

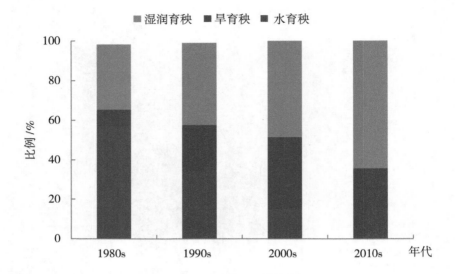

图 3-2　1980s—2010s 我国育秧技术变化

图 3-3　不同省份水稻育秧技术现状

四川 52.8% 和贵州 70.0%。在南方双季稻区，各省均是湿润育秧所占比例最高，分别为浙江 60.8%、湖南 70.0%、福建 86.2%、江西 60.0%、广东58.0%、广西 42.8% 和海南 58.0%。

以 1980 年为基础年，分别模拟了育秧技术发展和不发展两种情景下稻田温室气体排放价值的差异。结果如图 3-4 所示。在 4 个稻区，育秧技术的发展均降低了稻田温室气体排放价值。随着育秧技术的发展，在 2014 年，四个稻区育秧环节温室气体分别降低了 7.3×10^8 yuan（东北稻区）、13.63×10^8 yuan（长江中下游稻区）、11.19×10^8 yuan（西南稻区）和 23.67×10^8 yuan（南方双季稻区）。全国稻田在育秧环节温室气体排放价值降低 55.79×10^8 yuan。与传统水育秧技术相比，湿润育秧和旱育秧方式可以减少苗床的淹水时间，改善苗床土壤的厌氧状态，从而减少苗期土壤 CH_4 的排放量（刘树伟等，2011；Zhang et al.，2014）。虽然湿润育秧和旱育秧会增加 N_2O 的排放（刘树伟等，2012），但是二者效应相加；湿润育秧和旱育

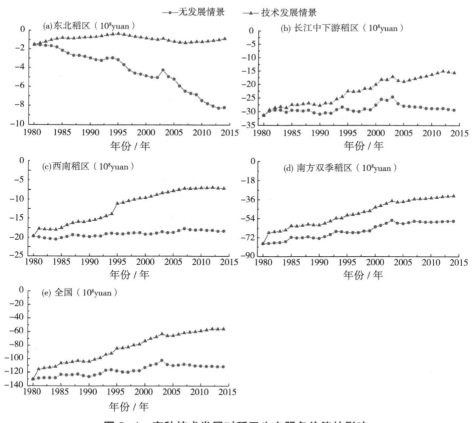

图 3-4　育秧技术发展对稻田生态服务价值的影响

秧还是 CH_4 和 N_2O 的总增温潜势（Zhang et al., 2014）。所以，随着各稻区水育秧比重的不断降低，湿润育秧和旱育秧比重的不断增加，育秧环节稻田温室气体排放量不断降低。

3.2 灌溉技术发展对稻田生态服务价值的影响

近 40 年来，我国稻田灌溉技术的变化如图 3-5 所示。从图中可以看出，20 世纪 80 年代开始，全生育期淹水和中期烤田所占比例逐渐降低，而间歇灌溉所占比例不断增加。到 21 世纪 10 年代，间歇灌溉所占比例达到 82.0%，而另外两种方式所占比例则分别下降至 5.0%（全淹）和 13.0%（中期烤田）。

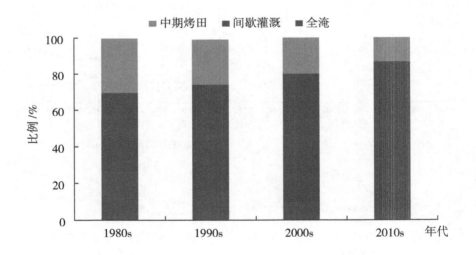

图 3-5　1980s—2010s 我国稻田灌溉技术变化

在不同省份，稻田灌溉方式也存在较大差异。在东北稻区，黑龙江省间歇灌溉所占比例最大，其次是吉林省，辽宁省所占比例相对较低。在辽宁省，中期烤田和全生育期淹水也占较大比例，分别为 23% 和 25%。在长江中下游稻区，河南、江苏、安徽和湖北四个省份均是间歇灌溉方式占主导。

但是在湖北，全淹和中期烤田也占有较大比例，分别为 17.8% 和 23.7%。在西南稻区，灌溉方式则较为多样化。在四川和重庆，中期烤田所占比例相对较高，分别为 51.8% 和 35.9%；其次是全淹，分别占 28.3% 和 35%。在贵州，则是间歇灌溉较高，所占比例达 43.6%，全淹和中期烤田相近，分别占 27% 和 29.4%。在南方双季稻区，各省份均是间歇灌溉占主导。

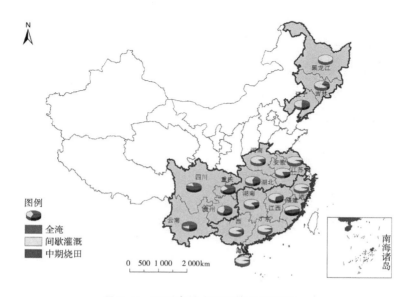

图 3-6　不同省份水稻灌溉技术现状

灌溉技术影响整个水稻季稻田 CH_4 和 N_2O 排放量。淹水是稻田产生 CH_4 的先决条件，稻田土壤淹水后，限制大气中的氧向土壤传输，为产甲烷菌的生长和活性提供必要的条件。大量研究表明（Zou et al., 2005；张广斌等，2009；Peng et al., 2011），水稻生长期稻田长期持续淹水会造成稻田极端厌氧，有利于 CH_4 的产生和排放；而在分蘖期排水烤田可以使大气中的 O_2 扩散到土壤中改变土壤的还原状态，从而抑制 CH_4 的排放。与长期淹水相比，分蘖排水烤田可以显著降低 26%~59% 的稻田 CH_4 排放（Linquist et al., 2012）。除了烤田之外，间歇灌溉等节水灌溉方式也可以显著降低稻田 CH_4 排放（彭世彰等，2007）。在节水灌溉条件下，土壤通气状况得到极大改善，既抑制 CH_4 产生又促进 CH_4 氧化，从而减少稻田 CH_4 排放。通过调整水分管理方式可以显著降低稻田 CH_4 排放，但是会增加 N_2O 排放。袁伟玲等（2008）比较了间歇灌溉和长期淹水稻田 N_2O 排放特征，在整个水稻生育期，间歇灌溉稻田由于频繁的干湿交替改善了土壤的通气性，促进了 N_2O 的形成与产生，稻田 N_2O 排放量一直相对较高并呈现缓慢上升趋势；长期淹水稻田一直保持较低的 N_2O 的排放水平。田间监测结果的 Meta 分析显示，综合考虑 CH_4 和 N_2O 排放两方面的效应，采用间歇灌溉仍然比长期淹水显著减少 54.5% 的全球增温潜势（Feng et al., 2013）。因此，随着我国主要稻区灌溉技术的发展，长期淹水方式所占比重逐年降低，间歇灌溉方式比重不断增加，因此，灌溉技术的发展使稻田温室气体排放价值不断降低。

图 3-7 显示的是在灌溉技术发展和不发展两种情景下稻田温室气体排

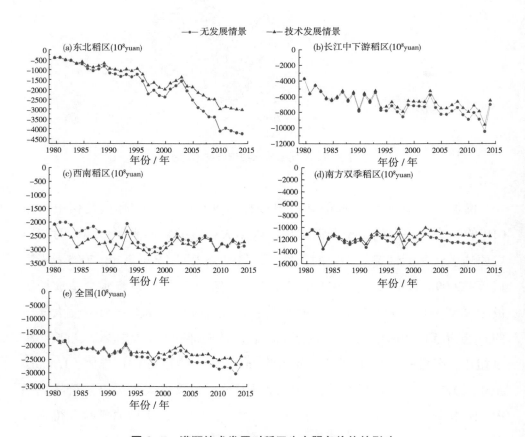

图 3-7　灌溉技术发展对稻田生态服务价值的影响

放价值的影响。在东北稻区，灌溉技术的发展降低稻田温室气体排放价值。从 1980s 开始，降低幅度不断增加。在 2014 年，灌溉技术的发展使稻田温室气体降低了 $1\,204.9 \times 10^8$ yuan。在长江中下游稻区，从 20 世纪 90 年代后期，两种情景下温室气体排放价值才表现出明显差异。在 2014 年，该稻区灌溉技术的发展使稻田温室气体仅降低了 535.1×10^8 yuan。在西南稻区，在 1980s 初期至 2000s 初期，两种情景下温室气体排放价值表现出明显差异，此后则差异变小。2014 年，西南稻区灌溉技术发展情景下稻田温室气体排放价值仅降低了 149.4×10^8 yuan。在南方稻区，两种情景下差异不断增加。该区灌溉技术的发展使稻田温室气体排放价值降低了 $1\,161.8 \times 10^8$ yuan。从全国来看，灌溉技术情景下稻田温室气体排放价值也低于不发展情景，且差异不断增加。灌溉技术的发展使稻田温室气体排放价值降低 $3\,051.2 \times 10^8$ yuan。

3.3　移栽技术发展对稻田生态服务价值的影响

图 3-8 显示的是水稻移栽技术的变化。20 世纪 80 年代，人工移栽是主要的水稻移栽方式，占 93.1%。此后，随着轻简化和机械化技术的不断发

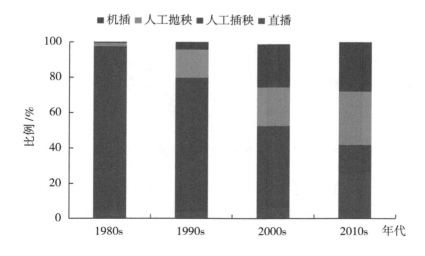

图 3-8　1980s—2010s 我国水稻移栽技术变化

展，人工抛秧、直播和机插秧所占比例不断增加，人工移栽所占比例逐年降低。2010s，人工移栽所占比例已经降低至 16.0%，人工抛秧、直播和机插秧所占比例则分别增加至 30.0%、26.0% 和 28.0%。

同样，在不同省份，水稻移栽技术比重也存在较大差异（图 3-9）。在东北稻区，机插秧所占比例最高，分别为黑龙江 86.9%、吉林 42.3% 和辽宁 74.0%。在长江中下游地区，河南省人工插秧比较最高，为 81.2%。在江苏省，移栽方式较为多样，人工插秧、抛秧、直播、机插分别占 29.3%、7.9%、20.1% 和 41.0%。湖北和安徽与江苏省类似，四种方式各占一定比例。在西南稻区，人工插秧所占比例较高，分别为四川 84.1%、重庆 78.8%、云南 87.7% 和贵州 69.8%。在南方双季稻区，大部分省份人工抛秧所占比例较高。

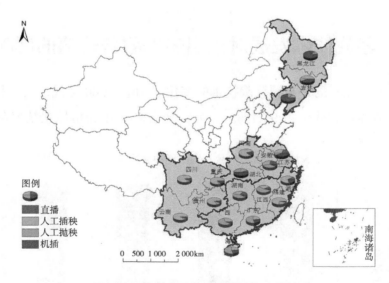

图 3-9　不同省份水稻移栽技术现状

移栽环节对稻田土壤 CH_4 和 N_2O 排放影响目前尚无一致结论。有研究显示（傅志强和黄璜，2008），直播稻与移栽稻在水稻季呈现相同的 CH_4 排放日变化与季节变化模式；在本田期，直播稻 CH_4 排放通量低于移栽稻，但 CH_4 排放总量高于移栽稻。但也有研究认为，直播稻比移栽稻显著降低

CH_4 排放（Hang et al., 2014 ; Liu et al., 2014）。对 N_2O 排放的影响也同样如此，有研究显示，直播稻 N_2O 排放显著高于移栽稻（Hang et al., 2014），但也有研究发现，二者之间 N_2O 排放没有显著差异（Liu et al., 2014）。因此，在本章中，我们重点分析了移栽环节对间接温室气体排放的影响，即移栽过程中机械消耗的柴油引起的温室气体排放。

图 3-10 显示的是移栽技术发展和不发展两种情景下稻田温室气体排放价值的变化。从图中可以看出，在四个稻区，移栽技术的发展均增加了稻田温室气体排放价值，尤其是 20 世纪 90 年代以后。随着移栽技术的发

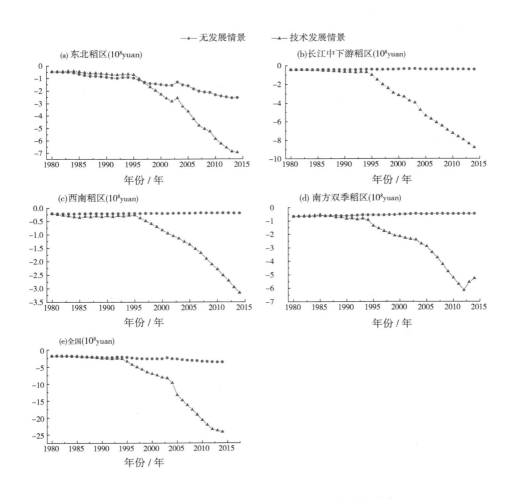

图 3-10　移栽技术发展对稻田生态服务价值的影响

稻田生态服务功能及生态补偿机制研究

展，在 2014 年，四个稻区移栽环节温室气体分别增加了 4.4×10^8 yuan（东北稻区）、8.4×10^8 yuan（长江中下游稻区）、3.0×10^8 yuan（西南稻区）和 4.8×10^8 yuan（南方双季稻区）。全国稻田在移栽环节温室气体排放价值增加 20.6×10^8 yuan。

3.4 氮肥用量增加对稻田生态服务价值的影响

氮肥的施用会影响多个稻田生态服务价值，正价值包括固碳和制氧两项，负价值也有温室气体排放和化学污染两项。那么，近 40 年来，随着稻田氮肥施用量的逐年增加，究竟会对稻田生态服务价值产生怎样的影响？在此，以 1980 年为基础年，分析了氮肥施用量增加对四种价值的影响（图3-11）。结果显示，施氮量的增加同时增加了四种稻田生态服务价值，与 1980 年相比，四种价值在 2014 年分别增加了 880.9×10^8 yuan（固碳）、274.8×10^8 yuan（制氧）、157.6×10^8 yuan（化学污染）和 471.1×10^8 yuan（温室气体排放）。正价值的增加值要高于负价值。因此，施氮量的增加在整

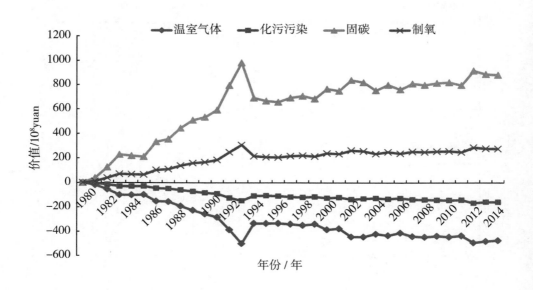

图 3-11　氮肥施用量增加对四种稻田生态服务价值的影响

体上增加了稻田生态服务价值。

在不同稻区，增加的幅度有较大差异（图 3-12）。南方稻区增幅最大，达到 243.8×10^8 yuan；其次是长江中下游稻区，增幅为 176.2×10^8 yuan。东北和西南稻区增幅相对较低，分别为 67.8×10^8 yuan 和 39.3×10^8 yuan。

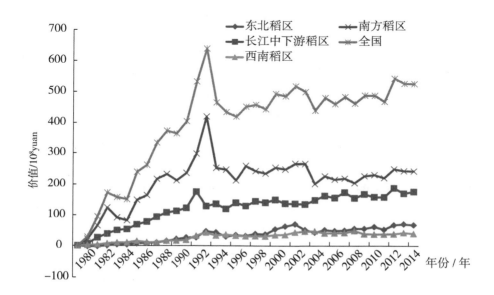

图 3-12 氮肥施用量增加对不同稻区稻田生态服务价值的影响

参考文献

傅志强，黄璜 . 2008. 种植方式对水稻 CH_4 排放的影响 [J]. 农业环境科学学报：2 513-2 517.

郭志奇 . 2014. 我国水稻栽培现状、高产栽培技术及展望 [J]. 南方农业：92-93.

刘树伟，张令，高洁，等 . 2012. 不同育秧方式对水稻苗床 N_2O 排放的影响 [J]. 中国科技论文：236-240.

刘树伟，邹建文，张令，等 . 2011. 不同育秧方式对水稻苗床 CH_4 排放的影响 [J]. 中国科技论文在线：677-682.

马兴全，侯守贵，陈盈，等. 2014. 辽宁省水稻栽培技术发展与展望 [J]. 中国稻米：36-40.

彭世彰，李道西，徐俊增，等. 2007. 节水灌溉模式对稻田 CH_4 排放规律的影响 [J]. 环境科学（28）：9-13.

苏柏元，陈惠哲，朱德峰. 2014. 水稻直播栽培技术发展现状及对策 [J]. 农业科技通信：7-11.

袁伟玲，曹凑贵，程建平，等. 2008. 间歇灌溉模式下稻田 CH_4 和 N_2O 排放及温室效应评估 [J]. 中国农业科学（41）：4 294-4 300.

张广斌，李香兰，马静，等. 2009. 水分管理对稻田土壤 CH_4 产生、氧化及排放的影响 [J]. 生态环境学报：1 066-1 070.

朱德峰，张玉屏，陈惠哲，等. 2015. 中国水稻高产栽培技术创新与实践 [J]. 中国农业科学：3 404-3 414.

Feng J, Chen C, Zhang Y, et al. 2013. Impacts of cropping practices on yield-scaled greenhouse gas emissions from rice fields in China：A meta-analysis. Agriculture Ecosystems & Environment 164, 220-228.

Hang X, Zhang X, Song C, et al. 2014. Differences in rice yield and CH_4 and N_2O emissions among mechanical planting methods with straw incorporation in Jianghuai area, China. Soil & Tillage Research 144, 205-210.

Linquist B, Groenigen K J, Adviento-Borbe M A, et al. 2012. An agronomic assessment of greenhouse gas emissions from major cereal crops. Global Change Biology 18, 194-209.

Liu S, Zhang Y, Lin F, et al. 2014. Methane and nitrous oxide emissions from direct-seeded and seedling-transplanted rice paddies in southeast China. Plant and Soil 374, 285-297.

Peng S, Yang S, Xu J, et al. 2011. Field experiments on greenhouse gas emissions and nitrogen and phosphorus losses from rice paddy with efficient irrigation and drainage management. Science China-Technological Sciences 54, 1 581-1 587.

Zhang Y, Li Z, Feng J, et al. 2014. Differences in CH_4 and N_2O emissions between rice nurseries in Chinese major rice cropping areas. Atmospheric Environment 96, 220-228.

Zou J, Huang Y, Jiang J, et al. 2005. A 3-year field measurement of methane and nitrous oxide emissions from rice paddies in China : Effects of water regime, crop residue, and fertilizer application. Global Biogeochem Cycles 19, GB2021.

第 4 章
气候变化对我国稻田生态服务价值的影响

近年来，气候变化对水稻生产稳定性和可持续性的影响成为国内外关注和研究的热点问题之一。国内学者从水稻种植区域变化、稳产性、技术经济等对气候变化的响应方面开展了大量研究（朱红根，2010；熊伟等，2013；刘胜利等，2015）。例如：Chen 等（2012）研究表明，受气候变化的影响，东北地区水稻生育期相比 20 世纪 50 年代延长了 14 天，种植边界北移了 80km。熊伟等（2013）分析了我国水稻生产对日均温、日较差和辐射变化的敏感性和脆弱性。结果显示，水稻产量变化对辐射变化最为敏感；辐射降低导致我国水稻生产的脆弱面积最大，其次为日较差。这些研究主要关注的是气候变化对水稻生产功能的影响，而对稻田生态服务功能的影响研究较少。稻作系统的控温、控洪等功能都与气候因子有着密切关系。因此，气候变化必然会对稻田生态服务功能产生影响。为此，本章着重分析辐射、气温、风速、降水量等气候因子对稻田控温和控洪两种生态服务价值的影响。

4.1　水稻季气象要素的年际变化

对 1980—2014 年水稻季逐日气象因子进行了分析，如图 4-1 和图 4-2 所示。近 40 年来，水稻季净辐射整体表现出增加趋势。2014 年，水稻季净辐射比 1980 年增加 12.1%。而日均风速、相对湿度和降水量则在近 40 年间表现为降低趋势。与 1980 年相比，日均风速、相对湿度和降水量分别降低 17.3%、0.1% 和 10.6%。而水汽压则没有表现出上升或降低的趋势。

图 4-2 显示的是 1980—2014 年水稻季逐日平均气温、最高气温和最低

气温的变化趋势。从图中可以看出，水稻季日均温、最高气温和最低气温在近 40 年均呈增加趋势。与 1980 年相比，2014 年日均温、最高气温和最低气温分别增加 1.06℃、1.24℃和 1.00℃。

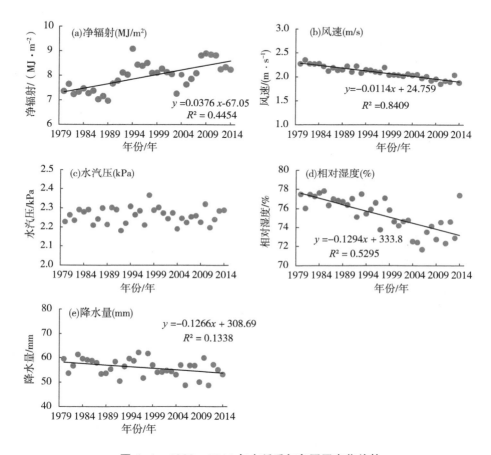

图 4-1　1980—2014 年水稻季气象因子变化趋势

进一步分析了 1980—2014 年不同地区和不同稻作类型的变异系数，如表 4-1 所示。除了风速和相对湿度，其他气象因子的变异系数均表现为北方稻区变异系数大于南方稻区，即：东北稻区 > 长江中下游稻区 > 西南稻区 > 南方双季稻区。不同稻作类型之间的差异则表现出较大的多样性，早、晚稻风速、水汽压、相对湿度和降水量的变异系数高于中稻，早、中稻净辐

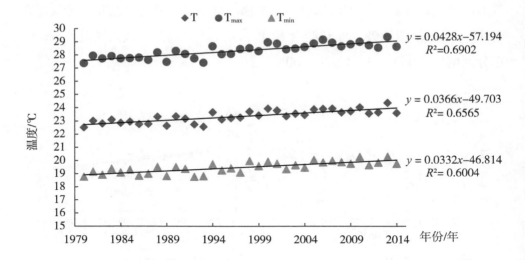

$$y = 0.0428x - 57.194$$
$$R^2 = 0.6902$$

$$y = 0.0366x - 49.703$$
$$R^2 = 0.6565$$

$$y = 0.0332x - 46.814$$
$$R^2 = 0.6004$$

图 4-2　1980—2014 年水稻季日均温（T）、最高温（Tmax）和（Tmin）最低温的变化趋势

射、日最高温的变异系数高于晚稻，表明气候变化对不同地区稻田生态服务价值的影响可能存在较大差异。

表 4-1　不同区域和稻作类型气象因子的变异系数

	净辐射	日均温	日最高温	日最低温	风速	水汽压	相对湿度	降水量
东北稻区	11.73	3.47	2.99	4.30	8.86	4.38	3.58	18.63
长江中下游稻区	10.39	3.12	2.94	3.72	7.23	3.03	2.69	14.68
西南稻区	7.22	2.10	2.32	2.34	8.66	2.30	3.43	10.26
南方双季稻区	6.67	1.18	1.38	1.25	7.76	2.63	3.44	9.63
早稻	7.59	1.48	1.73	1.50	8.07	3.34	0.27	4.37
中稻	7.24	1.98	1.87	2.25	6.06	1.82	0.15	2.42
晚稻	6.58	1.81	1.54	2.64	8.39	3.97	0.33	3.73

4.2　气候变化对稻田生态服务价值的影响

图 4-3 显示的是单位面积稻田控温价值的历史变化。从中可以看出

1980 年至今，早、中、晚稻的稻田控温价值整体均呈增加趋势。其中，晚稻增幅最大，与 1980 年相比，2014 年晚稻控温价值增加了 1.19yuan/m²，增幅达到 83.9%；其次是中稻，控温价值增加了 0.72 yuan/m²，增幅为 45.8%；早稻仅增加了 0.43yuan/ m²，增幅为 13.8%。全国均值增加了 0.78 yuan/m²，增幅为 38.4%。

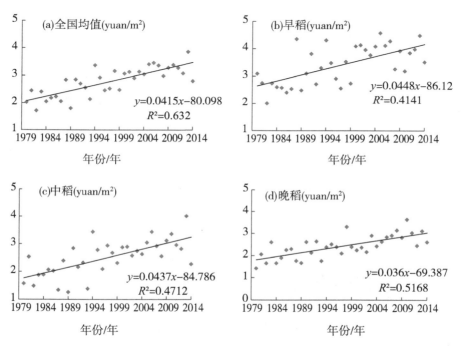

图 4-3 气候变化对稻田控温价值的影响

然而，从 1980 年以来，水稻季降水量的降低，导致稻田控洪价值呈现下降趋势。如图 4-4 所示。早、中、晚稻控洪价值均表现出一定的下降趋势。与 1980 年相比，早、中、晚稻控洪价值分别下降了 0.06yuan/m²、0.10yuan/m²、0.12 yuan/m²，降幅分别为 91.5%、89.1% 和 81.5%。全国均值下降了 0.09 yuan/m²，降幅达 87.8%。

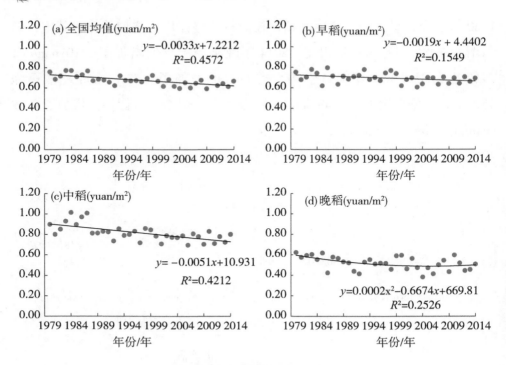

图4-4　气候变化对稻田控洪价值的影响

4.3　气候变化影响的区域差异

以5年为时间节点，对四个稻区单位面积控温和控洪价值的变化进行分析，结果如图4-5和4-6所示。东北稻区控温价值呈波动变化，在1995—1999年和2000—2004年控温价值较高，分别达到0.28 yuan/m² 和0.19 yuan/m²，其后降至与1980—1984年相近。长江中下游稻区、西南稻区和南方双季稻区均表现为增加趋势，近5年（2010—2014年）分别比1980—1984年增加了96.8%、88.2% 和39.0%。

不同省份稻田单位面积控温价值的变化也存在较大差异（图4-5）。在东北稻区，黑龙江省表现为波动变化，吉林省表现为不断增加趋势，2010年控温价值均值比1980年增加133.2%。辽宁则表现为先增后降趋势，1990年控温价值最高。在长江中下游稻区，四个省份均表现为增加趋势，河南、湖北、安徽和江苏 2010 年控温价值分别比 1980 年增加 61.9%、99.1%、93.6% 和 112.7%。西南稻区与长江中下游类似，四川、重庆、云南和贵州均表现为增加趋势，但是云南和贵州的控温价值远小于四川和重庆。在南方稻区，不同省份控温价值的变化表现出较大差异。浙江、江西、广东和广西均表现为增加趋势，2010 年控温价值比 1980 年分别增加 286.7%、21.7%、46.1% 和 27.5%。湖南、福建和海南则表现为先增后降趋势，3 个省份均是 1980—2000 年呈增加趋势，而在 2010 年则有所下降。

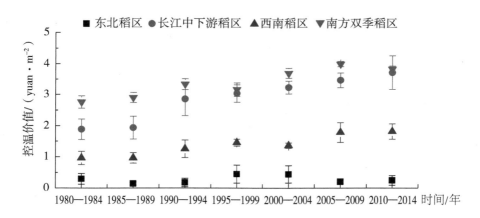

图 4-5 气候变化对不同稻区控温价值的影响

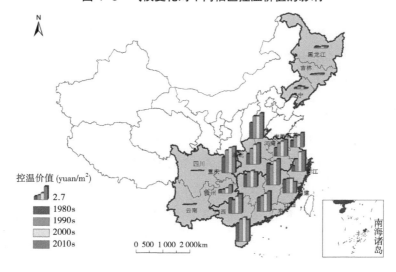

图 4-6 气候变化对不同省份控温价值的影响

图 4-7 显示的是不同稻区控洪价值的变化。从图中可以看出，西南稻区水稻季稻田控洪价值要高于其他 3 个稻区。20 世纪 80 年代，东北稻区的控洪价值要高于南方双季稻区和长江中下游稻区。但是此后，三者差异逐渐变小。从整体来看，四个稻区水稻季稻田控洪价值在近 40 年均呈现出降低趋势，东北稻区、长江中下游稻区、西南稻区和南方双季稻区近 5 年的均值（2010—2014 年）比 40 年前（1980—2014 年）下降了 16.5%、12.5%、12.5% 和 12.0%。

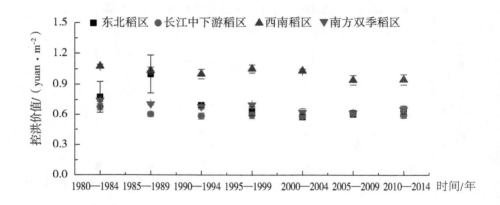

图 4-7　气候变化对不同稻区控洪价值的影响

不同省份之间控洪价值的变化存在一定差异。如图 4-8 所示，近 40 年来，在东北稻区三个省份中，黑龙江省水稻季控洪价值下降趋势最为明显，且幅度最大，2010 年 均值比 1980 年降低 51.8%。吉林省也表现为明显的下降趋势，2010 年均值比 1980 年降低 10.4%。但是，辽宁省却没有表现出明显的下降趋势。在长江中下游稻区，河南省水稻季稻田控洪价值呈波动变化。但是另外 3 个省份（湖北、安徽、江苏）的控洪价值均呈下降趋势，2010 年分别比 1980 年降低 12.3%、4.5% 和 8.4%。在西南稻区，四川、重庆、云南和贵州水稻季稻田控洪价值均呈下降趋势。在南方稻区，各省差异较大，浙江和江西呈波动变化，福建、湖南呈明显下降趋势，而广东、广西和海南则变化较小。

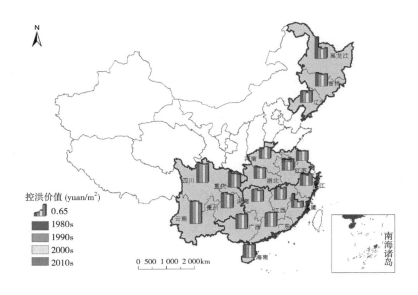

图 4-8　气候变化对不同省份控洪价值的影响

4.4　气象因子与生态服务价值的相关性

重点分析了净辐射、温度等气象因子与稻田控温价值的相关性，如表 4-2 所示。整体来看，净辐射、日均温、最高温和最低温与控温价值表现出正相关性，其中，温度与控温价值的相关性高于净辐射。相对湿度与控温价值呈负相关。长江中下游、西南和南方双季稻区控温价值与气温存在较高的相关性，均超过了 0.8。但是东北稻区仅为 0.4~0.7。气温的变化可能不是影响东北稻区控温价值的主导因素。因此，虽然东北三省气温从 1980 年以来表现为不断增加的趋势（董满宇和吴正方，2008；贾建英和郭建平，2011），但是控温价值并没有表现出与温度一致的变化趋势。净辐射和大气相对湿度的变化对东北稻区控温价值的变化也起着重要作用。此外，其他气象因子在不同稻区的表现存在差异。例如，风速仅在南方双季稻区与控温价值表现出负相关性。水汽压与控温价值仅在长江中下游稻区和南方双季稻区表现出正相关。从不同稻作类型来看，早、中稻控温价值与气温相关因子较高，气温的变化是影响早、中稻控温价值的主导因素。但是晚稻与气温的相关性较低，估计是晚稻季气温较高，气温可能不是影响控温价值的主导因素，风速和大气相对湿度也是影响晚稻季稻田蒸发蒸腾作用的主要因素。

表 4-2　控温价值与气象因子的相关性

	净辐射	均温	最高温	最低温	风速	水汽压	气压	相对湿度	降水量
全国	0.622**	0.924**	0.926**	0.880**	-0.627**	0.235	0.505**	-0.759**	-0.261
东北稻区	0.442**	0.594**	0.698**	0.417**	0.005	0.228	0.178	-0.354*	-0.315
长江中下游稻区	0.849**	0.898**	0.926**	0.816**	0.012	0.586**	-0.044	-0.820**	-0.432**
西南稻区	0.628**	0.774**	0.859**	0.528**	-0.105	-0.253	0.438**	-0.816**	-0.770**
南方双季稻区	0.500**	0.820**	0.910**	0.501**	-0.633**	-0.523**	0.503**	-0.842**	-0.331
早稻	0.374*	0.832**	0.872**	0.505**	-0.449**	-0.303	0.470**	-0.681**	-0.331
中稻	0.649**	0.880**	0.905**	0.799**	-0.506**	0.213	0.444**	-0.758**	-0.298
晚稻	0.434**	0.363**	0.590**	0.164	-0.598**	-0.262	0.290	-0.582**	-0.228

参考文献

董满宇，吴正方 .2008. 近 50 年来东北地区气温变化时空特征分析 [J]. 资源科学：
　　1 093-1 099.

贾建英，郭建平 . 2011. 东北地区近 46 年气候变化特征分析 [J]. 干旱区资源与环境：
　　109-115.

刘胜利，薛建福，张冉，等 . 2015. 气候变化背景下湖南省双季稻生产的敏感性分
　　析 [J]. 农业工程学报：246-252.

熊伟，杨婕，吴文斌，等 . 2013. 中国水稻生产对历史气候变化的敏感性和脆弱性
　　[J]. 生态学报：509-518.

朱红根 . 2010. 气候变化对中国南方水稻影响的经济分析及其适应策略 [D]. 南京农
　　业大学 .

Chen C，Qian C，Deng A，et al. 2012. Progressive and active adaptations of cropping
　　system to climate change in Northeast China[J]. European Journal of Agronomy（38）：
　　94-103.

第5章

种植格局变化对我国稻田生态服务价值的影响

我国水稻种植范围广阔，从南方热带的海南省到东北温带的黑龙江省均有水稻种植。近几十年来，随着社会经济、气候变化、品种与栽培技术的改良等多方面因素的影响，我国水稻种植表现出明显的"北移"趋势。东南沿海水稻生产急剧减少，而东北地区水稻生产规模则不断增加（徐春春等，2013）。目前，大多数研究都是侧重于分析导致我国水稻种植北移的驱动因素（Tong et al.，2003；Yang and Chen，2011；Xu et al.，2013），而缺乏对水稻种植格局变化对区域环境和作物生产潜在效应的研究。由于气候、土壤、种植模式的差异，我国南、北方水稻种植在生态服务价值上可能存在较大差异。例如，大量田间监测结果显示（Yan et al.，2003），我国东北单季稻区稻田温室气体排放显著低于南方双季稻区。然而，由于水稻季较高的气温和降水量，南方稻区稻田控温和控洪价值可能高于北方稻区。因此，本章重点分析水稻种植"北移"对我国稻田生态服务价值的影响。

5.1　种植格局变化对稻田生态服务价值总量的影响

以 1980 年为基准年，分别计算了种植格局北移和无变化两种情景下我国稻田生态服务价值总量的变化：种植格局北移情景指当前情景，以 1980年至今的水稻生产统计数据来计算各省稻田生态服务价值；无变化情景是以 1980 年为基准年虚拟的对照情景，即从 1981 年开始，按 1980 年水稻种植格局来分配播面。但是，全国稻田总面积保持与北移情景相同。分析结果如

图 5-1 所示，水稻种植格局北移降低了全国稻田生态服务价值总量。从 20 世纪 80 年代后期开始，在北移情景下全国稻田生态服务价值总量开始低于无变化情景，且二者的差异不断增大。2014 年，在北移情景下稻田生态服务价值总量比对照情景降低 15.8%。

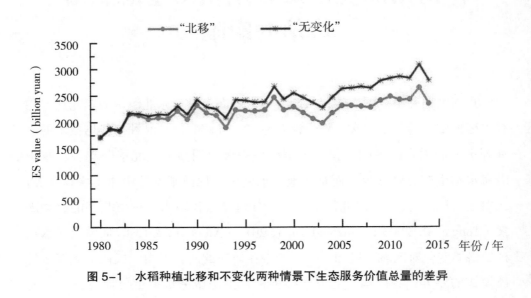

图 5-1 水稻种植北移和不变化两种情景下生态服务价值总量的差异

进一步分析种植格局北移对固碳、制氧等六种生态服务功能价值的影响。如图 5-2 所示，种植格局北移降低了固碳、制氧、控温和控洪四项正向服务功能的价值。2014 年，在北移情景下固碳、制氧、控温和控洪价值分别比对照情景下降低 13.4%、13.4%、14.4% 和 27.7%。种植格局北移同时也降低了温室气体排放和化学污染两类负向价值。2014 年，在北移情景下温室气体排放和化学污染两类价值分别比对照情景下降低 22.7% 和 13.1%。

在近 40 年的水稻北移趋势中，东北、长江中下游以及西南稻区单季稻种植面积大幅增长，而南方双季稻区水稻种植面积大幅下降（Tong et al.，2003）。然而，南方双季稻区单位面积稻田生态服务价值显著高于其他稻区（图 2-6）。水稻种植北移同时降低了正向和负向稻田生态服务价值。在六类

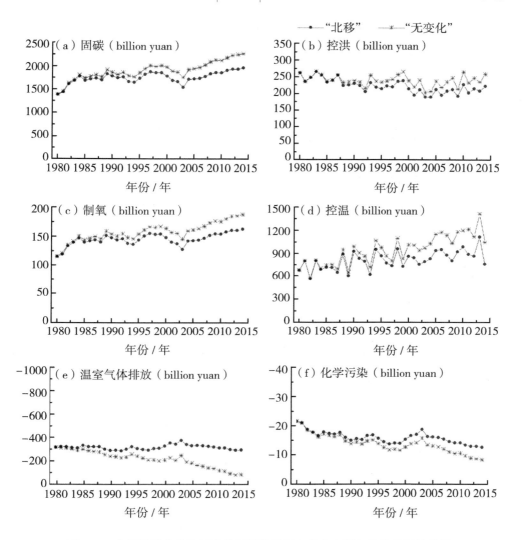

图 5-2 水稻种植北移和不变化两种情景下六种生态服务价值总量的差异

生态服务功能价值的估算中，固碳价值和制氧价值主要取决于水稻单产。南方地区中稻单产要高于北方地区，并且双季稻模式水稻收获指数高于单季稻。因此，水稻北移降低了全国稻田的固碳价值和制氧价值。对于控温和控洪价值，南方稻区水稻季气温和降水量均高于北方稻区，所以，水稻种植北移也会降低稻田控温和控洪价值。而对于负向的温室气体排放价值，以往研究表明，南方稻区温室气体排放量显著高于北方稻区。因此，水稻种植北移也会降低温室气体排放价值（Yan et al., 2003；Feng et al., 2013）。但是，从整体来看，水稻种植北移导致正向价值的减少量要高于负向价值，从而导致生态服务价值总量的下降。

5.2 种植格局变化对稻田生态服务价值强度的影响

单位面积和单位产量稻田生态服务价值是稻田生态补偿中的重要指标（liu et al., 2012）。如图 5-3 所示，水稻种植格局北移降低了稻田单位面积生

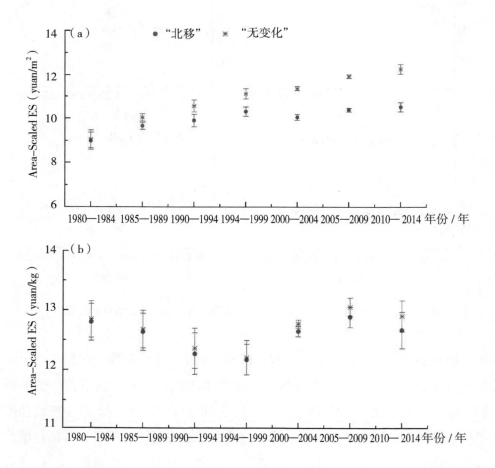

图 5-3 水稻种植北移和不变化两种情景下单位面积和单位产量 ESV 的差异

态服务价值,从 20 世纪 90 年代开始,在北移情景下单位面积生态服务价值显著低于对照情景,并且二者差异逐渐增大。2010—2014 年,在北移情景下单位面积生态服务价值比对照情景下降 14.2%。然而,水稻种植格局北移对单位产量生态服务价值并没有显著影响。从 1980 年至今,北移情景和对照情景单位产量生态服务价值并没有显著差异。

5.3　种植格局变化对稻田生态服务价值空间分布的影响

种植格局北移对不同省份稻田生态服务价值的影响存在较大差异。如图 5-4 所示,随着水稻种植北移,在东北稻区,黑龙江、吉林、辽宁 3 个省稻田生态服务价值均有所增加。与对照情景相比,2010—2014 年黑龙江、吉林、辽宁三省稻田生态服务价值总量分别增加 1 225.1%、157.4% 和52.8%。在长江中下游稻区,种植格局变化使安徽和河南省稻田生态服务价值增加,但湖北和江苏稻田生态服务价值降低。近 5 年安徽、河南稻田生态服务价值分别增加 41.5% 和 10.1%,而湖北和江苏则分别降低 19.1%和 13.3%。在西南稻区,在北移情景下所有省份稻田生态服务价值均低于

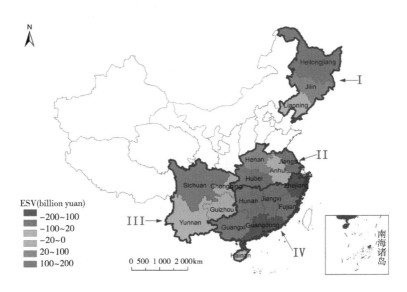

图 5-4　水稻种植北移对生态服务价值总量空间分布的影响

对照情景，四川、重庆、云南、贵州稻田生态服务价值分别降低 18.4%、17.0%、18.3% 和 0.4%。在南方双季稻区，在北移情景下所有省份稻田生态服务价值同样低于对照情景。其中，浙江和广东两省稻田生态服务价值下降较多，北移情景下分别比对照情景降低了 55.4% 和 53.3%。

水稻种植格局北移对单位面积稻田生态服务价值也产生了明显影响（图 5-5）。在北移情景下，长江中下游稻区的安徽、湖北、江苏单位面积稻田生态服务价值分别比对照情景降低了 0.21 yuan/m², 0.64 yuan/m² 和 1.44 yuan/m²。在西南稻区，唯云南省在北移情景下单位面积稻田生态服务价值高于对照情景，而贵州和四川均低于对照情景。在南方稻区，除广西外，其他省份在北移情景下单位面积稻田生态服务价值均低于对照情景，依次为：湖南（2.96 yuan/m²）＞浙江（1.73 yuan/m²）＞江西（1.73 yuan/m²）＞福建（1.59 yuan/m²）＞安徽（1.44 yuan/m²）＞海南（0.93 yuan/m²）＞广东（0.16 yuan/m²）。

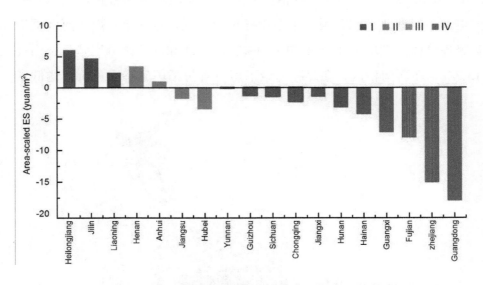

图 5-5　水稻种植北移对各省单位面积 ESV 的影响

虽然，水稻种植北移对全国单位产量稻田生态服务价值并没有显著影响（图 5-3）；但对部分省份生态服务价值的单位产量强度存在较大影响。如图 5-6 所示，在长江中下游稻区，在北移情景下安徽、江苏、湖北单位产量稻田生态服务价值分别比对照情景增加 1.54 yuan/kg、0.79 yuan/kg 和 0.73 yuan/kg。在西南稻区，云南、贵州和四川 3 个省北移和对照情景下单位产量稻田生态服务价值差异较小，均小于 0.01 yuan/kg。在南方双季稻区，浙江、安徽、福建、海南和江西 5 个省份单位产量稻田生态服务价值在北移情景下均高于对照情景，其中浙江省增加最高，为 2.69 yuan/kg。广东和湖南省单位产量稻田生态服务价值在北移情景下均低于对照情景。

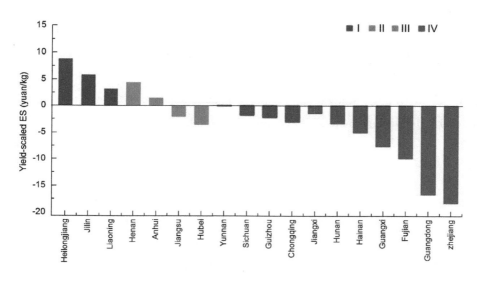

图 5-6　水稻种植格局北移对各省单位产量 ESV 的影响

参考文献

徐春春，周锡跃，李凤博，等 . 2013. 中国水稻生产重心北移问题研究 [J]. 农业经济问题：35-40，111.

Feng J, Chen C, Zhang Y, et al. 2013. Impacts of cropping practices on yield-scaled greenhouse gas emissions from rice fields in China : A meta-analysis[J]. Agriculture, Ecosystems & Environment, 164 : 220-228.

liu M, Lun F, Zhang C, et al. 2012. Stardards of payments for paddy ecosystem services : using Hani terrace as case study[J]. Chinese Journal of Eco-agriculture, 20 : 703-709.

Tong C, Hall C A S, Wang H. 2003. Land use change in rice, wheat and maize production in China (1961−1998) [J]. Agriculture, Ecosystems & Environment, 95 : 523-536.

Xu Z, Song Z, Deng A, et al. 2013. Regional change of production layout of main grain crops and their actuation factors during 1981−2008 in China[J]. Journal of Nanjing Agricultural University, 36 : 79-86.

Yan X Y, Cai Z, Ohara T, et al. 2003. Methane emission from rice fields in mainland China : Amount and seasonal and spatial distribution[J]. Journal of Geophysical Research, 108 (D16) : 4 505.

Yang W, Chen W. 2011. Study on the spatial distribution change of China's rice production and its influencing factors[J]. Economic Geography, 31 : 2 086-2 093.

第6章

特色稻田生态服务功能及补偿机制研究

我国稻田分布很广,除青海省基本没有水稻种植外,其他各省(区、市)均有种植。广阔的地域特征形成了丰富的稻田生态系统类型,例如,平原地区稻田生态系统、梯田水稻生态系统、城市周边稻田生态系统、稻鱼共作生态系统等。不同类型稻田生态系统具有不同区域特色的生态服务功能和价值。梯田水稻生态系统对保持水源、保持水土、人文景观等方面具有重要价值;城市周边稻田生态系统对减轻城市的"热岛"效应发挥重要作用;稻鱼共作系统对维持生物多样性、减轻病虫害、降低温室气体排放等具有重要意义。因此,探明不同类型稻田生态系统服务功能,建立具有区域特色的生态补偿机制对保护稻田生态系统的多样性、增强生态系统服务功能及其价值具有重要意义。本书选择典型的稻田生态系统,进行生态服务功能及其价值评估,并提出了构建生态补偿机制建议。

6.1 梯田水稻生态补偿机制研究

梯田具有十分重要的特殊功能,如保持水土资源、提高土壤水力、肥力、改善区域生态环境、稳定提高粮食产量(张彩,2009)、清洁水源(王燕萍,2009)、维持生物多样性(徐福荣等,2010)、旅游观光(角媛梅等,2006)、文化教育(王燕萍,2009;朱有勇,2009)等。稻田生态系统在承载秸秆和稻谷等初级产品供给功能的同时,还提供其他的服务和功能,如气体调节、氮素转化、有机物质形成和积累、水调节(水源涵养,调蓄洪水)、温度调节、侵蚀控制、环境净化、观光休闲等(李文华等,2008;李凤博等，2009）。梯田水稻生态系统具备梯田及稻田服务功能的双重功能，在维系区域生态安全方面具有十分重要的意义。

稻农作为稻田生态系统的保护者、改善者和贡献者，仅以稻谷的形式获取了水稻生产所产生的价值，而稻田生态系统所产生的巨大生态服务价值没有得到实现。从而引发"效率"与"公平"矛盾突出，使得生态效益及相关的经济效益在保护者与受益者之间形成不公平分配，导致受益者无偿占有生态效益，保护者得不到应有的经济激励，这种生态保护与经济利益关系的扭曲，不仅使中国的生态保护面临困难，而且也影响了地区之间以及利益相关者之间的和谐。因此，在综合评价梯田水稻生态系统服务价值的基础上，构建梯田水稻生态补偿机制对保护区域生态环境、维护稻农利益等方面具有十分重要的意义。

6.1.1 研究区域概况及数据来源

茗岙乡和昆阳乡位于永嘉县西北部，耕地以梯田为主。茗岙乡耕地面积 $520 hm^2$，其中，水田约 $200 hm^2$，稻田养鱼 $133 hm^2$。2009 年，茗岙乡水稻播种面积达到 $341.5 hm^2$，分别占谷物和粮食作物播种面积的 88.4% 和 59%。昆阳乡水田面积 $357.7 hm^2$，2009 年，水稻播种面积达到 $395.9 hm^2$，分别占谷物和粮食作物播种面积的 80% 和 50.2%。水稻生产在茗岙乡和昆阳乡均占有及其重要的地位。

本次研究数据来源主要有两部分。一是农户调查；二是采集土样测定土壤养分及土壤物理性状。本调查于 2010 年 3 月 16—19 日在浙江省永嘉县茗岙乡和昆阳乡开展，调查范围主要涉及马界山、东村等 13 个村；调查的主要对象为种田农民；调查的主要内容包括受访者的社会经济特征、水稻生产状况、水田服务功能的了解、对待环保的态度、接受梯田生态补偿的意愿等。土样采集主要分为两部分：一是根据海拔高度约每 100m 采集 2 个土样（梅花取样法）测定土壤化学性状；二是在同一梯级取环刀土样测定土壤的物理性状。

6.1.2　梯田水稻生态系统服务价值

1. 产品供给

水稻生产是稻田生态系统最基本和最主要的服务功能。2009 年，茗岙和昆阳乡水稻播种面积分别为 341.5 hm^2 和 395.9 hm^2，单产分别为 4 881.7 kg/hm^2 和 6 735 kg/hm^2，两个乡水稻的总产量分别为 200.8 × 10^4 kg 和 266.7 × 10^4 kg。运用市场价值法，稻田生态系统的产品生产价值为产品产量乘以平均出售价格。据调查，受访者稻谷平均出售价格为 2.06 yuan/kg，估算出两乡镇梯田水稻生态系统的年产品生产价值分别为 413.7 × 10^4 yuan 和 549.4 × 10^4 yuan。

2. 氧气供给

水稻可通过光合作用，同化大气中的 CO_2，释放 O_2，并合成碳水化合物。因此，根据光合作用反应式比例，每生产 1.00kg 植物干物质能释放 1.20kgO_2。根据农作物生物产量与经济产量的转换公式：生物产量 = 经济产量 ×（1 − 经济产量含水率）/ 经济系数，其中，经济产量含水率以 14%，经济系数以 0.47 计，茗岙乡和昆阳乡水稻的生物产量分别为 367.5 × 10^4 kg 和 488 × 10^4 kg。采用工业制氧法（杨志新等，2005）（制氧工业成本按 0.4 yuan/kg O_2）估算释放 O_2 的价值：释放 O_2 的价值 = 作物年净生物量 × 制氧系数（制氧系数为 1.20）× 制氧成本，2009 年，茗岙乡和昆阳乡水稻田每年释放 O_2 的价值分别为 176.4 × 10^4 yuan 和 234.2 × 10^4 yuan。

3. 二氧化碳固定

绿色植物每生产 1.00kg 植物干物质能固定 1.63kg CO_2。根据替代价值法水稻生态系统吸收 CO_2 的价值计算公式为：吸收 CO_2 的价值 = 水稻年生物产量 × 固碳系数（固定 CO_2 的系数为 1.63）× 固碳成本。运用中国造林成本法估计梯田水稻生态系统固定 CO_2 的价值，造林成本以每生产 1kg 碳需要 0.2609 yuan（1990 年不变价）计算，2009 年茗岙乡和昆阳乡水稻田每年固定 CO_2 的价值分别为 155.7 × 10^4 yuan 和 206.8 × 10^4 yuan。

4. 温室气体排放

稻田生态系统温室气体对大气温室效应产生重要影响，向大气排放温室气体造成全球气温增高，导致许多全球环境问题，其经济价值为负。据相关研究，稻田生态系统产生的温室气体主要有 N_2O 和 CH_4。运用增温潜势将相同质量的不同温室气体进行转换，$1kg$ CH_4 和 N_2O 所产生的温室效应相当于 $24.5kg$ 和 $320kg$ 的 CO_2 所产生的温室效应（Björklund et al., 1999）。据相关研究，华东地区每公顷水田 CH_4 的排放量约为 $345kg$，每公顷水田 N_2O 的排放量约为 $2.25kg$（郑循华等，1997），根据增温潜势替代，每公顷水田释放的 CH_4 和 N_2O 所产生的温室效益分别相当于 $8\,452.5kg$ 和 $720kg$ CO_2 所产生的作用。运用价值替代法，茗岙乡和昆阳乡水田释放的 CH_4 和 N_2O 所产生的温室效应的价值分别为 81.4×10^4 yuan 和 94.4×10^4 yuan。

5. 土壤培肥

稻田养分的持留量能动态反映稻田生态系统营养物质循环功能。运用机会成本法将农田系统土壤养分持留量价值化，从而评价农田生态系统保持土壤肥力、提高养分的价值。其价值公式为：培肥土壤的价值 = 水稻种植面积 × 表层土壤厚度（0.2 m）× 土壤容重 × 土壤有机质、全氮、速效磷和速效钾含量 × 肥料价格。通过采集不同海拔高度的土样进行测定，茗岙乡和昆阳乡水田土壤容重分别为 $1.09g/cm^3$ 和 $1.25\,g/cm^3$，有机质、全氮、全磷和全钾含量分别为 $35.83\,g/kg$ 和 $29.94\,g/kg$、$1.49\,g/kg$ 和 $1.42\,g/kg$、$3.3\,g/kg$ 和 $10.46\,g/kg$、$0.08\,g/kg$ 和 $0.07\,g/kg$。有机质平均价格以 0.513 yuan/kg，中国化肥的平均价格以 2.549 yuan/kg（1990 年不变价）计算，估计出茗岙乡和昆阳乡梯田稻田在养分涵养中的价值分别为 344.3×10^4 yuan 和 677.2×10^4 yuan。

6. 温度调节

水稻田可以起到很好的气候调节作用。作为特殊的人工湿地生态系统——大面积的稻田湿地起到空调的调节作用，随着水分的蒸发带走空气中热量，同时随着水分的蒸发，空气中的负离子不断增加，有利于净化环境。本研究运用替代费用法计算稻田生态系统的温度调节价值：稻田生态系统调节温度的价值 = 蒸腾蒸发量 × 单位面积水蒸发带走的热量相当于标准煤燃烧的热量（以 $47\,570$ kg 标准煤计）× 煤炭价格（以 0.34yuan/kg 计）。据相关研究，水稻全生育期间，蒸腾蒸发量为 0.5578m，以每公顷水蒸发带

走的热量相当于 47.6×10^3 kg 标准煤燃烧的热量来估算，并以煤炭价格 340 yuan/t 计，则茗岙乡和昆阳乡水田的降温的价值分别为 552.3×10^4 yuan 和 640.4×10^4 yuan。

7. 水源涵养

茗岙乡和昆阳乡均为稻田养鱼的种养结合模式，水田淹水时间长。据调查，茗岙和昆阳乡种植一季稻水田有水的时间分别为 111.8 天和 120.5 天，水层平均深度分别为 0.209m 和 0.263m。同时，通过土壤含水量测定，分别测得茗岙和昆阳乡梯田土壤的饱和含水量分别为 52.39% 和 46.23%（容积含水率）。经计算茗岙乡和昆阳乡梯田水稻每年可以拦截的水量分别约为 612×10^4 m³ 和 680×10^4 m³。采用替代工程法，以水库蓄水成本 670 yuan/kg（1990 年不变价）来定量评价梯田水稻生态系统土壤涵养水分的功能价值（欧阳志云等，2002）。以 2009 年的水田面积计算，茗岙乡和昆阳乡梯田水稻生态系统土壤涵养水分的功能价值分别为 410.1×10^4 yuan 和 456×10^4 yuan。

综上所述，茗岙乡和昆阳乡梯田水稻生态系统服务功能的总价值分别为 $1\,971.09 \times 10^4$ yuan 和 $2\,669.63 \times 10^4$ yuan，其中直接经济价值分别为 413.73×10^4 yuan 和 549.40×10^4 yuan，分别占总价值的 20.99% 和 20.58%；间接经济价值分别为 $1\,557.36 \times 10^4$ yuan 和 $2\,120.23 \times 10^4$ yuan，分别占总价值的 79.01% 和 79.42%。梯田水稻生态系统的间接价值远远大于直接经济价值，说明稻田在区域环境中起着非常重要的作用。

在梯田水稻生态系统各项服务功能的价值量排序为：调节温度（28.02%）> 涵养水源（20.81%）> 培肥土壤（17.47%）> O_2 供给功能（8.95%）> 固碳功能（7.9%）（表 6-11）。

表 6-1　茗岙乡和昆阳乡梯田水稻生态系统服务价值

价值类型		茗岙乡		昆阳乡	
		价值量（ $\times 10^4$ yuan）	比重（%）	价值量（ $\times 10^4$ yuan）	比重（%）
直接经济价值	总价值	1 971.09	100	2 669.63	100
	稻谷产值	413.73	20.99	549.40	20.58

（续表）

价值类型	茗岙乡		昆阳乡	
	价值量（$\times 10^4$ yuan）	比重（%）	价值量（$\times 10^4$ yuan）	比重（%）
小计	1 557.36	79.01	2 120.23	79.42
其中：释放氧气	176.40	8.95	234.24	8.77
间接经济价值　固碳功能	155.74	7.90	206.82	7.75
培肥土壤	344.28	17.47	677.23	25.37
调节温度	552.28	28.02	640.37	23.99
涵养水源	410.10	20.81	455.99	17.08
温室气体排放	−81.43	−4.13	−94.42	−3.54

6.1.3　梯田水稻生产系统特殊价值

1. 梯田生态系统服务价值高，损毁恢复难

梯田水稻生态系统作为一种特殊的人工湿地生态系统，具有许多优于平原稻田生态系统的服务价值，如维持水稻品种的多样性（冯金朝等，2008）、涵养水源（朱安香和阎彦梅，2011）、保持水土（文波龙等，2009）、旅游观赏（角媛梅，2008）、人文价值（王林，2009）等。梯田农耕文明是中华民族几千年来智慧的结晶（龚秀萍和孙海清，2010），对维系生态脆弱区域的粮食安全也具有十分重要的意义。但是，闲置的山坡容易造成土壤流失、山体滑坡等灾害。同时，梯田开垦过程漫长、艰难（侯甬坚，2007），一旦遭到破坏难以恢复。

2. 农民种稻积极性低，粮食保障难

梯田水稻是山区粮食的重要组成部分。梯田闲置严重威胁山区粮食安全。浙江省是全国第二大粮食主销区，仅次于广东省，粮食自给率仅为45%左右，需要从多个省份调运粮食，特别是稻谷，需要从江西调入早稻，从江苏、安徽和黑龙江省调入粳稻谷，年总调入量超过 20×10^8 kg。但是浙江省水稻面积在大幅减少后仍处于下滑态势。据统计，2009 年水田面积和水稻播种面积分别比 2005 年的 88.5×10^4 hm² 和 102.9×10^4 hm² 减少了

$6.2 \times 10^4 \, \mathrm{hm}^2$ 和 $9 \times 10^4 \, \mathrm{hm}^2$，减幅为 7.0% 和 8.7%。农民种粮积极性低是造成水稻播种面积减少的关键原因。据调查，茗岙和昆阳两个乡镇的 60 名受访者中，在家务农人员的平均年龄为 54.8 岁，家庭务农人数超过 3 个的仅占受访者的 5%，务农人数为 1 个的占受访者的 53.33%，2 人的占受访者的 41.67%；在受访的 60 人中，务农劳动力的年龄超过 60 岁的占 41.67%，51~60 岁的占 38.33%，50 岁以下的仅有 20%。从农民收入的来源看，有 63.3% 的受访者以打工为主要收入来源，有 46.7% 的受访者以种粮为收入的来源，可见，茗岙乡和昆阳乡的村民打工是他们收入的最主要来源；从农业收入占总收入的比重看，在受访的 60 人中，农业收入比重占总收入比重的 80 以上的仅有 8 人，占受访者总数的 13.33%，75% 的农户农业收入占家庭总收入的一半以下。综上，调查区域的种稻积极性不高，务农人员老龄化严重，同时，农业仅作为他们生产"口粮"的途径，且农业收入的比重占家庭总收入的比重较低。此外，在调查取样的过程中还发现，目前，茗岙和昆阳乡已经有一部分梯田出现"撂荒"现象，且呈不断加剧的趋势。如果这种状况再继续恶化，必将严重威胁到区域粮食安全（表 6-2）。

表 6-2　农业相关变量描述统计

	频数（人）	百分比（%）		频数（人）	百分比（%）
年龄			农业收入占总收入的比重		
50 岁以下	12	20	0~20%	23	38.33
51~60 岁	23	38.33	21%~50%	22	36.67
60 岁以上	25	41.67	51%~80%	7	11.67
收入主要来源			81% 以上	8	13.33
种粮	28	46.7	务农劳动力个数		
种经济作物	2	3.3	1	32	53.33
养殖	2	3.3	2	25	41.67
打工	38	63.3	3	2	3.33
个体	8	13.3	4	1	1.67
其他	4	6.7			

3. 水田服务功能认识度低，维护自身合理利益难

山区农民对稻田所产生的巨大的生态价值了解少。在调查所设的 7 项服务功能中，有 18 人（30%）选择了对稻田生态系统服务功能完全不了解；在剩余的 42 位了解一些的受访者中，有 26 人（43.33%）选择只了解 1 项，9 人（15%）选择了解 2 项，7 项全部了解的仅有 1 人。这充分说明农民对稻田生态系统所产生的服务价值了解甚少，农民对其自身在水稻生产过程所产生利益认识的缺位导致其自身利益不能得到充分体现。从水田服务功能认知的具体项目看，茗岙乡和昆阳乡的受访者有 32 人（76.2%）选择了稻田具有"旅游观光"的功能，有 22 人（52.4%）选择了稻田具有"培肥土壤"的功能，其他 5 项服务功能选择的人数均不超过 10 人。可见，农民进行水稻生产所产生的巨大生态价值没有实现，受益者无偿占有农民水稻生产所产生的生态服务功能，维护农民保护梯田、维护生态系统合理利益的难度很大。

表 6-3　受访者对水田服务功能数目的认知

服务功能	频数（人）	百分比（%）	服务功能的认知个数	频数（人）	百分比（%）
培肥土壤	22	52.4	0	18	30
含蓄水源	9	21.4	1	26	43.33
降低温度	3	7.1	2	9	15
净化空气	1	2.4	3	3	5
净化水质	3	7.1	4	2	3.33
维持生物多样性	3	7.1	5	1	1.67
旅游观光	32	76.2	7	1	1.67

4. 农民环保意识薄弱，生态系统维护难

浙江省山地和丘陵面积大，特别是境内有"七大水系"发源地均处于省内多山梯田地区。但从总体上看，梯田地区生产条件较差，且由于人均稻田面积小，留守种田农民年龄大，路途稍远、坡度较大的梯田已经出现弃耕、

撂荒等现象，而且仍将持续并加剧，可能加速当地水土流失，威胁下游地区水量、水质。从农民角度看，其自身环保意识薄弱。就水稻秸秆的处理方式来看，在受访的 60 人中，有 26 人（43.33%）将水稻秸秆就地烧掉，腐熟还田的有 10 人（16.67%），用作饲料喂牛的有 21 人（35%），部分烧掉、部分腐熟还田的 3 人。从农民处理作物秸秆的行为来看，接近半数的农户选择对环境污染较大的焚烧作为主要的处理方式，选择环保、利用率较高的腐熟还田的方式的仅 10 人。因此，单靠农民自己参与水稻清洁生产难度大，必须采取一定的激励措施鼓励农民保护生态脆弱区的生态安全。

表 6-4　受访者的环保意识

	频数（人）	百分比（%）	累积比重（%）
就地烧掉	26	43.33	45.61
腐熟还田	10	16.67	63.16
饲料	21	35.00	95
就地烧掉和腐熟还田	3	5.00	100.00

5. 农民对梯田补偿政策的渴望强烈，政策创新空间大

浙江省是全国第一个在省域范围内，由政府提出完善生态补偿机制意见的省份，自 2000 年开始，就已经开启针对生态补偿机制的探索，内容涉及森林、矿山、水库建设、异地开发、流域等。实施的对象主要集中在非粮产品、非粮产业，如果在水稻生产上建立生态补偿政策，必将对粮食生产扶持政策的创新带来巨大的示范意义。从农民的角度看，受访的 60 人中，除了有 3 人没有作答、3 人认为随便外，35 人（58.33%）选择了"更多"；有 5 人（8.33%）选择补偿金额为 450 yuan/hm²；有 1 人（1.67%）选择了补偿金额为 150 yuan/hm²；13 人（21.67%）选择了补偿金额为 750yuan/hm²。从以上分析中可以看出，农户对补贴政策的渴望程度非常强烈，且大多数人认为补偿金额应该在 750 yuan/hm² 以上。可见，梯田区水稻进行水稻生产的农民渴望生态补偿政策。

表 6-5　受访者的受偿意愿的频度分布

	频数（人）	百分比（%）
不作答	3	5
随便	3	5
更多	35	58.33
150 yuan/hm^2	1	1.67
450 yuan/hm^2	5	8.33
750 yuan/hm^2	13	21.67

6.1.4　梯田水稻生态补偿机制构建

1. 补贴原则

首先，要遵从农民受益的原则，开展多渠道筹集资金，保障资金按时按量发放到农民手中，保障农民种植水稻所产生的外部性服务价值得到承认和补偿；其次，要以保护生态环境为原则，实施水田生态补偿，提高农民种稻积极性，减少抛荒等现象，有效减少水土流失和提供更多公共物品；最后，坚持突出重点、分步推进的原则，从浙江省的实际出发，以永嘉梯田水稻生产为试点，逐步加大补贴力度，并根据实施情况向全省推进。

2. 补偿模式

水稻生态补偿采取以政府补偿为主，市场补偿相结合的模式，建立省、市、县三级水稻生态补偿基金，具体实施以县为主。补偿的对象为种稻农民。以政府为主体的补偿模式，由财政部门具体管理，资金主要通过政府财政转移支付获取，由省、市水稻生态补偿基金拨付县补偿基金，由县财政统一发放。同时，运用市场手段来实现生态补偿模式主体的为消费者，客体为种稻农民。消费者以米价或生态税等形式缴纳补偿费用，纳入县生态补偿基金统一管理。

3. 补偿标准与方法

根据调研，大多数梯田种稻农民认为种植每公顷水稻田应得到的生态补偿在 750 yuan 以上。考虑财政投入、生态价值与政策覆盖面等多因素，建

议水稻生态补偿标准初步确定为每公顷 为 1 500yuan，全部由省市县等各级
财政投入，随着财政收入的增加和公众对稻田生态价值的认可，可以逐步提
高水稻生态补偿标准。补贴发放给种植水稻农户，其中，进行土地流转的由
种植该水田的稻农领取补贴；弃耕后由其他农户自愿种植的，以种植水田的
农户作为补贴对象。

4. 建立长效机制

梯田地区生态系统十分脆弱，一旦破坏，其恢复是一项长期、艰巨而复
杂的。同时，梯田生态保护不仅是政府的责任，而且与区域经济社会发展的
息息相关。因此，需要建立梯田生态补偿专项资金，通过高耗能企业购买碳
排放、捐款等形式促进梯田水稻生态补偿长期有效的开展。同时，为了保护
梯田生态环境，可以采取补贴缓释化肥、生物农药等方式来实现梯田水稻生
态补偿，以促进农业清洁生产，保护水源地及梯田的生态环境，实现区域经
济、社会、生态的和谐发展。

6.2 稻鱼共作系统生态补偿机制研究

稻鱼共作系统是我国重要的稻作系统，已有 2000 多年历史，在我国农
业生产和国民经济中发挥着重要作用。2017 年，我国稻田养成鱼面积达到
$168.3 \times 10^4 hm^2$，占我国水稻种植面积的 5.5%。稻鱼共作系统是我国稻田
生态系统的重要组成部分。稻鱼共作系除了为人们提供稻谷、鱼虾等产品
外，还具有养分调节、生物多样性、固碳减排、化学污染控制、人文景观等
生态功能。近 10 年，许多学者陆续开展了对稻鱼共作系统生态功能的量化
评价研究，路壹等（2015）评估了稻鸭共作稻田系统的碳汇功能，结果表明
双季稻周年平均固碳能力为 8 172kgC/hm^2。秦钟等（2010）采用生态经济学
方法研究稻鸭共作稻田系统的农产品生产、大气调节、含蓄水分、土壤有机
质积累与营养元素保持等生态服务功能研究，结果显示，物质生产功能占总
价值的 37.1%，环境调节价值占 77.5%。张丹等（2009）比较了浙江青田、
贵州从江县稻鱼共生系统生态服务价值，结果显示，青田县稻鱼共生系统

直接经济价值比从江县平均每公顷高 1.7×10^4 yuan，但间接价值比后者低。以往研究结果多以县域、或个案稻鱼共作系统为研究对象，对全国稻鱼共作系统的生态服务价值评估缺乏深入分析。本书以大田试验数据作为生态服务功能评价参数，对全国稻鱼共作系统生产价值、制氧价值、控洪价值、养分涵养价值、温度调节价值、生物多样性保持价值、人文景观价值以及固碳减排价值和化学污染控制价值等进行综合评价；并针对稻鱼共作系统的特点提出生态补偿建议。

6.2.1 稻鱼共作系统生态服务价值

1. 产品供给

稻鱼共生系统实现了一田多用、一地多收，即在同一块土地面积上收获水稻产品和鱼类产品，为人们生活提供必需的营养物质。稻鱼共生系统初级产品主要包括稻谷、秸秆、和鱼 3 部分。以稻谷、秸秆和鱼的市场价格直接估算稻鱼共生系统初级产品经济价值。2017 年，国内市场稻谷平均价格为 2.76yuan/kg，水稻秸秆平均价格为 0.185yuan/kg；鱼价格以 16.4yuan/kg 计算。由此可以计算出稻鱼共生系统初级产品价值为 38 061.4yuan/t；2017 年，全国稻鱼共作面积为 168.3×10^4 hm²，全国稻鱼共生系统初级产品价值达 640.5×10^8 yuan（表 6-6）。

2. 氧气供给

水稻生长过程中固定 CO_2，释放 O_2，对稻田周边的大气有显著的调节效应。利用影子价格法估算稻鱼共生系统制氧的价值，且只考虑了稻鱼共生系统中水稻在生长期间所提供的 O_2 的价值。根据光合作用反应式比例，每生产 1.00kg 植物干物质能释放 1.20kg O_2。根据农作物生物产量与经济产量的转换公式：生物产量 = 经济产量 ×（1- 经济产量含水率）/ 经济系数。稻鱼共生系统一般在单季稻或晚稻中进行，根据文献数据（袁伟玲等，2010；张剑等，2017；严桂珠和孙飞，2018），稻鱼共作系统稻谷单产为 7 175kg/t，工业制氧的成本为 400yuan/tO_2。由此可以计算稻鱼共生系统 O_2 供给功能的经济价值为 6 543.6yuan/t，2017 年全国稻鱼共生系统制氧价值为 110.1×10^8 yuan

（表 6-6）。

3. 二氧化碳固定

水稻生长过程是通过光合作用吸收 CO_2 形成碳水化合物产量，研究表明，水稻产量 90% 来自于光合产物，水稻对 CO_2 固定效应显著。本研究只考虑了稻鱼共生系统中水稻在生长期间碳固定价值，不考虑水稻种植过程中投入品碳汇效应或源效应。利用造林成本法估算稻鱼共生系统 CO_2 固定的价值，中国造林成本为 260.9yuan/tC。根据稻鱼共作系统平均产量计算稻鱼共生系统固碳价值为 5 797.5yuan/t，2017 年，全国稻鱼共作系统固定 CO_2 的价值为 97.6×10^8 yuan（表 6-6）。

4. 养分保持

稻鱼共生改变了原有的生态系统结构，鱼活动增加土壤扰动，改善了土壤结构和养分积累与释放。一方面，鱼类活动加大了土壤扰动，使得土壤孔隙度增加，改善了表层土壤结构，提高表层土壤溶氧含量，有利于底层养分向表层的释放；另一方面，鱼生长过程中排泄物沉积在土壤表层，直接增加了土壤养分含量。由于土壤养分积累与释放过程较复杂，本研究仅核算稻鱼共生过程中水稻秸秆和根系残留和鱼类排泄物对土壤养分的涵养价值。张丹等（2009）研究结果表明，稻鱼共生系统秸秆、根系和鱼粪中有机质、氮磷钾的含量共计 948.1 kg/hm²、29.4 kg/hm²、6.9 kg/hm² 和 57.7kg/hm²。采用影子价格法（有机肥价格 513yuan/t，尿素 1 626yuan/t（46%-N），磷酸二铵 2 850yuan/t（23%-P），氯化钾 1 970yuan/t（60%-K）），计算出稻鱼共作系统保持土壤养分功能的价值为 3 775yuan/hm²，2017 年，我国稻鱼共作系统养分保持的价值为 63.5×10^8 yuan（表 6-6）。

5. 洪水控制

为了保证鱼虾的正常生长，稻鱼共作系统在整个共生季保持较高水位，田埂一般在 40~50cm。稻鱼共生的季节恰逢我国雨季，雨水丰富，稻鱼共作系统成为天然的水库，能储存大量雨水资源，减轻了河流、水库等防涝减灾压力，因此，稻鱼共生系统在我国南方地区具有重要的防洪减灾作用。采用影子工程法对我国稻鱼共作系统的洪水控制价值进行评估。稻鱼共生季水田的水层高度一般保持在 20cm，直至水稻收获（Xie et al., 2011）。因此，当暴雨来临时，稻鱼共作系统可储存水层高度约为 25cm，蓄水量为 2 500m³/hm²。利用水库工程费用法（1.51yuan/m³），计算出稻鱼共作系统保持土壤养分功能的价值为 865.4 yuan/hm²，2017 年我国稻鱼共作系统养分保持的价值为 14.6×10^8 yuan（表 6-6）。

6. 病虫草害控制

水稻生长在高温高湿季节，病虫害发生较重。稻鱼共作系统能有效减轻水稻纹枯病、稻瘟病、稻曲病、飞虱、稻纵卷叶螟等病虫害的发生。一方面，养殖动物直接食用水田中菌核、菌丝和害虫；另外，鱼类活动频繁，增加了水稻通风透光性，对纹枯病和稻瘟病有很好的控制作用。此外，稻鱼共作系统对杂草具有较好的控制作用。一方面，鱼虾等养殖动物直接取食杂草，另一方面，鱼类活动增加了对表层土壤扰动，从而抑制了杂草的生长。以往的研究表明，稻鱼共作对病虫草害有良好的防控效果。谢坚等（2009）研究表明，稻鱼共作系统基本不使用除草剂，吕东锋等（2011）研究表明稻蟹共作对杂草的防控效果可达到 85%；Xie 等（2011）田间取样观测研究表明，与水稻单作系统比较，稻鱼共作系统农药使用量降低 68%；陈飞星等（2002）研究发现，稻蟹共作比单作稻田农药使用量减少了 70.6%；胡亮亮等（2014）对稻虾、稻鳖共作的调查研究表明，与常规稻相比，农药使用量平均分别减少了 66.0% 和 54.5%。

综合以上文献数据，按稻鱼共作与常规水稻比农药使用量减少了 65% 计，利用替代价格法对稻鱼共作系统控制病虫草害的价值进行评估。据《农产品成本收益资料》数据，2017 年常规水稻种植农药费为 795.6yuan/hm²，稻鱼共作系统控制病虫草害的价值为 517.1yuan/hm²，2017 年，全国稻鱼共作系统控制病虫害的总价值为 8.7×10^8 yuan（表 6-6）。

7. 温室气体排放

稻田生态系统是全球重要的温室气体排放源。由于水稻长期生长在淹水环境中，水稻特殊的通气系统成为温室气体排放的通道。稻田温室气体的排放量很大程度上受栽培措施和稻田环境的影响，稻田养鱼可能通过改变稻田环境而发生变化。以往研究表明,稻田养鱼对 N_2O 减排效应显著(Li, et al., 2008;展茗等,2008),但对 CH_4 排放量的结果不尽一致。Frei 等(2005)研究认为,稻田养鲤鱼和罗非鱼后,稻田 CH_4 排放量增加;展茗(2008)等研究结果显示,在稻鱼复合种养模式下,CH_4 排放量略有减少。此处利用替代价值法计算,瑞典碳税率为 150dollar/t C,折合人民币为 951 yuan/t。2014 年,我国稻鱼共作系统 CH_4 和 N_2O 的年排放量分别为 696 Gg 和 5 988 Mg,稻鱼共作系统温室气体排放的价值为 7007.8yuan/t,2017 年全国稻鱼共作系统温室气体排放的总价值为 117.9×10^8 yuan(表 6-6)。

表 6-6 2017 年稻鱼共作系统生态服务价值

	单位面积排放价值(yuan/hm²)	总价值(× 10⁸ yuan)	比例(%)
产品供给价值	38 061.4	640.5	78.4
制氧价值	6 543.6	110.1	13.5
固定 CO_2 价值	5 797.5	97.6	11.9
养分保持价值	865.4	14.6	1.8
洪水控制价值	3 775.0	63.5	7.8
病虫草害防控价值	517.1	8.7	1.1
温室气体排放价值	-7 007.8	-117.9	-14.4
总价值	48 552.2	817.0	/

6.2.2 稻鱼共作系统生态补偿机制构建

我国稻鱼共作系统单位面积服务价值为 4.9×10^4 yuan/hm²,2017 年,总服务价值为 817×10^8 yuan。前文中核算了稻田生态系统服务价值总量,研究结果表明,我国稻田生态服务价值总量为 $23\ 712.5 \times 10^8$ yuan,稻鱼共作系统服务价值占总服务价值的 3.4%。在 7 种稻田生态服务功能中,产品供给价值所占比重最高,达到 78.4%。其次是温室气体排放、制氧和固定 CO_2 价值,另外 3 种生态服务功能的价值相对较低。全国稻田生态系统评估中,固碳价值占比最高,在稻鱼共作系统中,产品供给功能占比最高,可见稻鱼共作系统生态服务价值的评估中，养鱼提供的产品价值发挥重要作用。因此，构建稻鱼共作系统生态补贴政策对保护稻鱼共作系统生态服务价值、提高农民收入具有重要意义。

第一，政府建立专项补贴资金，鼓励农户优化农业产业结构，提高综合种养效益，促进稻鱼共作模式的发展。目前，已有部分地区开始对虾稻共作模式实施补贴，浙江、湖北、海南等地已陆续出台稻鱼共作补贴政策，部分地区补贴金额达到 $15\,000\text{yuan/hm}^2$。第二，补贴资金用于稻鱼共作基地建设，以提高稻鱼共作的经济效益，促进农民增收，并优化农业产业结构，从而达到保障粮食安全、促进农民增收的"双赢"。第三，结合稻鱼共作系统特点，开发特色产品，促进农民增收。由于稻鱼共作系统化肥、农药用量少，适宜开发绿色、无公害稻米或水产品品牌。政府适当扶持产后加工业的发展，提高稻鱼共作的经济收益，共同推进供给侧结构性改革，进一步提高农民收益。

6.3 城市周边稻田生态补偿机制研究

稻田生态系统是从属于农田生态系统之下的由稻田生物系统、环境系统和人为调节控制系统 3 部分组成的人工—自然复合生态系统。稻田生态系统具有农田生态系统的全部特征，同时也具有湿地生态系统的部分功能。稻田生态系统除了产品供应外，更重要的是以水稻为主体的稻田生态系统支撑与维持地球的生命支持系统，如净化空气、调节水文循环过程、维持生命物质的生物地球化学循环及生物物种的多样性、提供丰富的人文和美学价值等（李凤博等，2009）。城市周边稻田作为稻田生态系统的重要组成部分，在含蓄水源、调节温度、净化空气等方面的生态作用更为突出。然而，稻农作为稻田生态系统的保护者、改善者和贡献者仅以稻谷的形式获取了水稻生产所产生的服务价值的一部分，由稻田生态系统所产生的巨大的公共物品属性的服务功能没有得到价值的体现。由于水田生态保护方面存在的结构性政策缺位，使得水稻生产所产生的生态效益及相应的经济效益在保护者与受益者间出现不公平分配，导致受益者无偿占有生态效益，保护者得不到应有的经济激励。因此，建立生态补偿机制成为调整各利益相关方生态及经济利益管理，促进水稻生产及生态环境友好发展的重要手段。

从以往的生态补偿实践看，大多集中在森林、草地、湿地、流域、水源地、矿山开发、生物多样性保护、自然保护区等领域（万太本和邹首民，2008）。近年，生态补偿在粮食生产方面的实践不断得到应用。2007 年，北京市农业局等 6 个部门下发了《关于 2008 年度北京生态作物补贴的意见》（京农发〔2007〕18 号）对北京市农户在耕地内种植的 6.3×10^4 hm^2 小麦发放"生态补贴"；2010 年 7 月，苏州市出台了《关于建立生态补偿机制的意见（试行）》（苏发〔2010〕35 号），率先在全国"试水"水稻生态补偿机制，且补偿力度较大，以每公顷不低于 400 元予以生态补偿。然而这些实践的资金均来自政府财政资金的转移支付，这种单一资金来源对大部分地区不具备实施的普遍性；且支付的标准差异较大，对其他地方实施生态补偿机制借鉴性不强。因此，为了确定不同区域社会经济条件下、不同水田类型水稻生态补偿的标准，本书围绕城市周边稻田这一特殊的生态系统的生态补偿标准问题，根据"受益者补偿"的原则，对水田保护的受益者进行支付意愿调查，对初步确定城市周边稻田生态补偿标准具有积极意义。

6.3.1 条件价值法在生态补偿支付意愿中的应用

条件价值法（contingent valuation method，CVM）是一种典型的陈述偏好评估法，是在假想市场情况下，直接调查和询问人们对某一环境效益改善或资源保护措施的支付意愿（willingness to pay，WTP），或者对环境或资源质量损失的接受赔偿意愿（张志强等，2003）。CVM 由 Davis 于 1963 年首次应用于研究缅甸州林地宿营、狩猎的娱乐价值（Davis，1963）。之后，CVM 在世界各国得到广泛应用（Choi et al.，2001），其研究成果直接贡献于项目的成本收益分析和损害评估（张翼飞等，2007a）。国内研究主要应用于非市场服务价值的评估（刘亚萍等，2006；张翼飞等，2007b；李晟等，2009；王凤珍等，2010）、补偿支付意愿分析（车越等，2009；葛颜祥等，2009；王锋等，2009；郑海霞等，2010），对补偿支付意愿的研究对象主要集中在湿地、流域等自然资源的非使用价值的评价，对于水稻田的非使用价值评价鲜见报道。

条件价值法研究中用于导出最大支付意愿的引导技术或者问卷格式是CVM研究中的重要手段（张志强等，2003）。CVM核心估值问题有四种设计模式，即投标博弈法（bidding game，BG）、开放式（open-ended，OE）、支付卡（payment card，PC）和二分式选择（dichotomous choice，DC）（李伯华等，2008）。1993年，美国海洋与大气管理局（NOAA）就CVM应用于自然资源的非使用价值和存在价值的调查与设计提出了一些指导原则，如：面对面方式有可能获得最可靠的结果；预调查在CV研究中非常重要；为了使CVM研究结果尽可能可靠，WTP的问题格式应使用投票表决方法而不是开放式问题格式；有必要向受访者提供可靠的相关信息等（Bateman et al.，1995）。本调查在遵循上述原则的基础上，采用支付卡式问卷格式进行。

考虑到受访者文化程度、地域差异及社会经济状况，问卷共设计了4部分内容：第一部分介绍水稻生产在维持粮食安全和生态安全方面的作用作为导入信息；第二部分为受访者的社会、经济等方面的基本信息；第三部分受访者的环保观念、对粮食安全及对水田保护的认知情况；第四部分为水田保护支付意愿、支付手段及不愿支付的原因调查。本研究在核心估值问题设计上采用了支付卡方式。且为提高对支付意愿的认知，问卷采用询问愿为每斤大米支付多少钱来参与水田保护，而不是直接询问受访者月支付或年支付意愿。

本书所用数据资料由课题组成员以面对面形式调查所得，调查时间为2013年7月6~12日。考虑到南京市区面积较大，因此，选择人口密集度较高的南京市图书馆、某高校、3家公司、某区政府、中山东路等地开展。

本次调查共发放问卷430份，返回413份，回收率为96%。在排除漏答、乱答的以后，能纳入模型进行计量分析的有效样本为383份。有效问卷383份被调查人的基本统计情况如下：男性187人，占总被调查人数的48.83%；女性196人，占总被调查人数的51.17%。年龄在20岁以下的17

人，占被调查者的 4.44%；21~30 岁 203 人，占被调查者的 53%；31~40 岁 78 人，占被调查者的 20.37%；41~50 岁 48 人，占被调查者的 12.53%；51 岁以上的 37 人，占被调查者的 9.66%。从被调查者的居住性质看，常住人口占 74.41%，暂住人口占 25.59%。大部分被调查者的家庭人口数为 1~3 人，其中，家庭成员中有党员的占 60.31%；职业分布在机关、事业单位、企业及从业人员、个体户及从业人员及其他，各自占被调查者总数的 4.18%、22.72%、39.16%、6.01% 和 21.15%。受教育程度在中学及同等学历以上，其中具有大专学历的占被调查者的 22.19%，具有大学学历的占被调查者的 43.6%，具有研究生学历的占被调查者的 18.8%。个人收入大部分在（0~5）× 10^4 yuan（67.89%），（5~10）× 10^4 yuan 的有 99 人，占被调查者的 25.85%，10 × 10^4 yuan 以上的占 6.27%。

6.3.2 市民对城市周边稻田生态补偿支付意愿的统计分析

1. 市民对生态环境保护意识

受访者的环境保护意识直接影响到其参与环保的态度。调查发现，南京市民对环境保护意识较强。在受访的 383 份有效问卷中，仅有 6.79% 的被调查之表示没有听说过"生态补偿""生态危机"等概念，大多数市民表示对此类概念了解，且平时关注较多。在对参与生态环境保护的认识方面，南京市民认识度较高，能主动宣传环保观念的占受访者的 27.1%，经常看有关杂志及相关报道的占受访者的 72.6%，愿意参加环保活动的受访者占 42.3%，乐意捐款支付环境治理的占 22.6%。从中可以看出，南京市民对环保的关注程度较高，参与环保活动的意识较强（表 6-7）。

从对待水田保护的态度来看，受访者对水田保护的意识较强。调查发现仅有 1.82% 的受访者水田保护意识淡薄，41.78% 的受访者认为水田保护有必要，56.4% 的受访者认为水田保护非常有必要，可见，南京市民对水田保护意识较强。从水田保护的责任方来看，55.8% 的受访者认为水田保护人人有责，38.2% 受访者认为政府在水田保护中应起到重要作用。可见，多数市民参与水田保护的意识较强，并需要政府参与水田保护计划。

表6-7　市民生态环境意识

认知项目	选项	频数（个）	比例（%）
对"生态补偿""生态危机"等概念的了解	非常了解，清楚怎么回事	36	9.40
	听说过，了解一些	222	57.96
	听说过，不清楚怎么回事	99	25.85
	没有听说过	26	6.79
对环境保护态度的调查	主动宣传环保观念	102	27.10
	看相关报道	273	72.60
	愿意参加环保活动	159	42.30
	乐意捐助支付治理	85	22.60
政府在环境保护中的作用	非常重要	273	71.28
	比较重要	75	19.58
	不太重要	17	4.44
	无作为	18	4.70
水田保护的必要性	非常有必要	216	56.40
	有必要	160	41.78
	有无均可	4	1.04
	没必要	3	0.78
您认为水田保护应该由谁来负责	政府	146	38.20
	市民	11	2.90
	城郊市民	20	5.20
	高耗能企业	22	5.80
	农民	15	3.90
	人人有责	213	55.80

2. 市民对稻田生态系统保护的意识

对于水田服务功能享受的认知及对水田保护责任方的认定直接关系到受访者的支付意愿及支付金额的大小。在城市周边稻田生态系统所具有的服务功能的认知方面，大部分被调查者认为稻田生态系统具有的培肥土壤、含蓄水源、降低周边环境温度、净化空气调节气候、净化水质、维持生物多样性功能，仅有6.8%的被调查者认为稻田具有旅游观光的功能；从对水田生态服务功能的享受看，38位受访者认为没有享受到稻田服务功能，占受访者总人数的9.9%，其他受访者均认为享受到全部或部分水田服务功能，79.4%的受访者认为自己享受到1~5项服务，9.9%的受访者认为自己享受到6~8项（表6-8）。

针对城市周边稻田生态保护这一问题，98.2% 的受访者均认为有必要对水田进行保护；超过半数的受访者认为水田保护人人有责，但也有 38.2% 的选择了应该由政府来负责，5.8% 的认为应该由高耗能企业来负责。关于政府在生态环境保护中所起的作用的认知方面，大多数人认为政府在环境保护中起到非常重要的作用。但有少数人认为政府在环保中的作用不明显，甚至有 4.7% 的受访者认为政府在环保行动中无作为。

表 6-8　市民对稻田生态服务价值的认知

选项	样本数		占总选择次数的比例（%）		占总人数的比例（%）	
	认知	享受	认知	享受	认知	享受
培肥土壤	208	113	17.9	11	57.8	30.6
含蓄水源	212	142	18.3	13.9	58.9	38.5
降低温度	154	146	13.3	14.2	42.8	39.6
净化空气	208	223	17.9	21.8	57.8	60.4
净化水质	119	122	10.2	11.9	33.1	33.1
维持生物多样性	181	162	15.6	15.8	50.3	43.9
旅游观光	79	79	6.8	7.7	21.9	21.4
未享受到服务	—	38	—	3.7	—	10.3
合计	1161	1025	100	100	322.5	277.8

3. 生态补偿的支付意愿

支付卡问卷调查法可直接显示被调查者的最大支付意愿。平均值和中位数是描述 WTP 数据集中度的两种主要方法。根据统计结果，同时计算平均值和中位数。

平均值的计算公式为：$E(WTP) = \sum P_i B_i$

式中，$E(WTP)$ 指人均支付意愿，P_i 指各支付人数的分布概率，B_i 指各支付额的数值（选择更多的以 1yuan 计）。由式所得，WTP 平均值为 0.54yuan/kg。

中位数的计算需要将频率分布转换成累计频度分布，以求出累计频度等于 50% 的值，经计算中位数为 0.1 yuan。

有效问卷中有 36 个被调查者的肯定愿意支付的金额为 0，占被调查者总人数的 9.4%。有 347 个被调查者肯定愿意为水田保护支付一定金额，其中选择 0.01~0.1 yuan 的人数为 196 人，占被调查者总人数的 51.17%；选择 0.11~0.5 yuan 的人数为 90 人，占被调查者总人数的 23.5%；选择 0.51~1 yuan 的人数有 31 个，占被调查者总人数的 8.09%；选择更多的人数为 30 个，占被调查者总人数的 7.83%（图 6-1）。愿意支付一定金额的被调查者选择支付方式不同，其中，94 人选择了缴纳生态税，占愿意支付总人数的 24.54%；18 人选择了交水电费，占愿意支付总人数的 4.7%；193 人选择以米价形式支付，占愿意支付总人数的 50.39%；60 人选择了捐款，占有支付意愿总人数的 15.67%（图 6-2）。

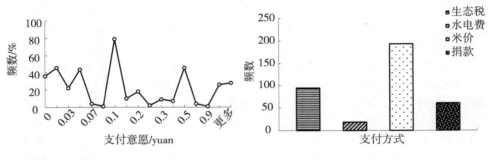

图 6-1　WTP 值分布　　　　　　图 6-2　支付方式分布

问卷还设计了受访者拒绝支付的原因（图 6-3），对于"这是政府的责任，不该由市民负责""对水田生态保护计划没有信心""本人收入低，无能力支付""大家不齐心，少数人支付作用不大""对政府没有信心，害怕付的钱打水漂""没有从稻田生态系统服务中获益" 6 个不愿支付的原因，约有 65% 的 0 支付受访者选择了"对政府

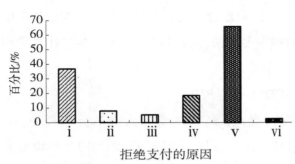

i：这是政府的责任，不该由市民负责；ii：对水田生态保护计划没有信心；iii：本人收入低，无能力支付；iv：大家不齐心，少数人支付作用不大；v：对政府没有信心，害怕付的钱打水漂；vi：没有从稻田生态系统服务中获益。

图 6-3　受访者拒绝支付原因频度分布

没有信心，害怕付的钱打水漂"，有 36.8% 的 0 支付受访者认为"这是政府的责任，不该由市民负责"，两项合计达到 101.8%，占总选择次数的 75%。这从一个侧面反映了不愿参与水田补偿的市民大多源于对政府的不信任和对环境保护责任方主体为政府的责任认定，对自身在环境保护中的责任认定不清，对清新空气、适宜的气候等公共资源的享用等方面"搭便车"的现象仍普遍存在。

6.3.3　个人特征因素对市民生态补偿支付意愿的影响（表 6-9）

1. 性别因素对市民生态补偿支付意愿的影响

从调查来看，女性被调查者对稻田生态补偿支付意愿较男性强。在 195 位女性被调查者中，愿意对稻田生态系统进行补偿的占 92.82%，而在 188 为男性被调查者中，愿意进行生态补偿的占 88.30%。这可能是因为中国古代遗留的传统，一般女性负责家庭生活，对大米消费较敏感，具有较高的感性和理性认知，所以支付意愿较高。

2. 年龄因素对市民生态补偿支付意愿的影响

调查发现，21~30 岁和 41~50 岁的被调查者的生态补偿支付意愿较高，其次为 31~40 岁，20 岁以下和 51 岁以上的被调查者的支付意愿较低。这可能跟被调查者的社会阅历、受教育程度及收入水平有关，21~50 岁人群大多有稳定收入、受教育程度较高，因此，支付意愿较强，而 20 岁以下人群仍处于学生阶段，没有稳定收入，对生态补偿认知不足，而 50 岁以上人群受收入限制，支付意愿不高。

3. 人口因素对生态补偿支付意愿的影响

调查结果表明，家庭人口为 3 人以上市民对城市周边稻田生态补偿支付意愿最高，愿意支付的受访者占 91.43%，家庭人口数为 3 人及以下的市民对生态补偿支付意愿也较强，愿意支付的受访者占 90% 以上。人口较多家庭可能由于大米消费量较大，对粮食安全在国民生活中的重要性的认知较高，因此支付意愿较强。

4.职业因素对市民生态补偿意愿的影响

调查结果显示，除了职业不详的人员以外，机关工作人员的支付意愿最高，愿意支付的受访者占 93.75%，从事其他行业的支付意愿也较强。可见，南京市民对水稻生态补偿的认知程度较高。

5.受教育程度对生态补偿支付意愿的影响

从调查结果来看，随着学习阅历的增长生态补偿意愿越强，中学或中专及以下学历被调查者愿意进行生态补偿的比例为 89.83%，随着接受教育程度的提高，愿意参与水稻生态补偿的支付意愿越强。受教育程度为本科及以上的被调查者愿意进行生态补偿的比例上升到 90.79%。

6.家庭年总收入对生态补偿支付意愿的影响

据调查，家庭年总收入越高，水稻生产保护支付意愿越强。家庭年总收入每增加 10×10^4 yuan，愿意支出的发生比增加 0.06 倍。

表 6-9　被调查者生态补偿支付意愿　　　　　　单位：人，%

类别		愿意支付人数	比例	类别		愿意支付人数	比例
性别	男	166	88.30	职业	机关工作人员	15	93.75
	女	181	92.82		事业单位人员	79	90.8
年龄	20 岁以下	15	88.24		企业从业人员	154	89.02
	21~30 岁	186	91.63		无职（学生、离退休、待岗等）	73	90.12
	31~40 岁	70	89.74		其他	26	100
	41~50 岁	44	91.67	教育	中学及以下	53	89.83
	51 岁以上	32	86.49		专科	77	90.59
人口数	1~2 人	37	90.24		本科及以上	239	90.79
	3 人	182	90.10	年总收入	0-5 × 10⁴ yuan	231	88.85
	3 人以上	128	91.43		5-20 × 10⁴ yuan	109	93.97
					20 × 10⁴ yuan 以上	7	100.00

6.3.4　市民对城市周边稻田生态补偿支付意愿的回归分析

为了更深入地了解城市居民对周边稻田生态补偿支付意愿及其影响因素，将被调查者的生态补偿支付意愿与个人特征因素进行回归分析。

Hanemann 认为，在 CVM 研究中，受访者的支付意愿呈 logistic 分布或 log-logistic 分布（Hanemann et al., 1989），本研究采用二元 Logistic 回归方法分析影响市民对水田生态服务支付意愿的影响因素。该模型的 Logit 转换形式为：

$$\ln(\frac{p}{1-p})\beta_0+\beta_1 x_1+\beta_2 x_2+\cdots+\beta_n x_n$$

式中，p 表示愿意支付的概率，$1-p$ 表示不愿意支付的概率，β_0，β_1，β_2，β_n…表示回归系数，x_1，x_2，x_n…为独立变量。

在受访者愿意支付（$WTP>0$）的条件下，本研究以愿意支付的概率为被解释变量，以受访者的社会基本特征、对粮食供给问题的认知、对环保的认知、对水田保护的认知及对政府在环保中作用的认知情况等为解释变量（表 6-10），建立城市周边稻田生态补偿支付意愿的回归模型。运用 SPSS11.5 软件进行回归分析，模型估计结果如表 6-11 所示。

表 6-10 解释变量定义

变量名称	取值	变量定义
年龄		连续变量
性别	1~2	男 =1，女 =2
居住性质	1~2	常住人口 =1，暂住人口 =2
职业	1~6	机关工作人员 =1，事业单位人员 =2，企业从业人员 =3，个体经营户及从业人员 =4，无职（学生、离退休、待岗等）=5，其他 =6
距离	1~5	0 千米 =1，1~10 千米 =2，10~30 千米 =3，30~50 千米 =4，50 千米以上 =5
教育	1~5	小学及以下 =1，中学及同等水平 =2，大专 =3，大学 =4，研究生 =5
人口		连续变量
党员		连续变量
收入	1~5	$0\sim2\times10^4$ yuan =1，$(2.1\sim5)\times10^4$ yuan =2，$(5.1\sim10)\times10^4$ yuan =3，$(10.1\sim20)\times10^4$ yuan =4，20×10^4 yuan 以上 =5
概念了解	1~4	没听说过 =1，听说过，不清楚怎么回事 =2，听说过，了解一些 =3，非常了解，清楚怎么回事 =4

（续表）

变量名称	取值	变量定义
参与环保行为数量		连续变量
享受到服务数量		连续变量
水田保护必要性	1~4	非常有必要 =1，有必要 =2，有无均可 =3，没必要 =4
政府的作用	1~4	非常重要 =1，比较重要 =2，不太重要 =3，无作为 =4
责任方认知	1~2	某 1~2 个责任方 =1，人人有责 =2

　　首先，考虑所有变量对（上）式进行估计，得到模型 1。为将没有影响或影响较小的变量排除在模型之外，本文选择基于最大似然估计的向后逐步回归法进行自变量的筛选，逐步剔除不显著的变量，直到所有变量都在 10% 的水平上统计显著，得到模型 2。

　　回归结果表明（表 6–11），在受访者的社会经济特征中，居住地与水田的距离对支付意愿的影响在 10% 的显著水平下有意义。根据统计结果，居住地与水田的距离与支付意愿呈正相关，其回归系数为正，这说明，随着居住地与水田距离增加，受访者的支付意愿增强，对水田所提供正向的生态环境功能的渴望更加强烈。距离水田较近的郊区受访者的支付意愿不强，58.3% 的受访者认为水田保护的责任方是政府，个人对水田生态服务功能支付意愿不高。此外，党员人数对支付意愿的影响在 5% 的显著水平下有意义，统计结果显示，党员人数与支付意愿回归系数为负，可见，家庭党员人数多的受访者支付意愿不一定高。

　　态度决定行为，行为是态度的外部表现，良好的行为必然建立在端正的态度之上。因此，受访者对环保的态度越端正，其实施补偿意愿越强烈。受访者对环保概念的了解程度和认为享受到稻田生态服务项目数的回归系数分别为 0.479 2 和 0.374 9，其统计概率分别为 0.066 8 和 0.004 8，表明受访者对稻田生态服务功能补偿意愿具有显著的正向影响。从支付金额来看，对环境保护概念了解越清楚，支付金额越高，平均支付金额为 0.66 yuan/kg，随着环保概念了解的越少，支付金额越少，说明人们对环境保护的态度从一定程度上决定了参与水田保护的意愿，环保意识越强，参与水田保护的意愿越大；从受访者认为享受到稻田生态服务的项目数看，随着享受到的服务价值数量的增加支付金额越高。选择享受到服务项目为 6~8 项的平均支付金额为 0.82 yuan/kg，认为享受到 3~5 项服务的平均支付金额为 0.54 yuan/kg，认为享受到 1~2 项服务的平均支付金额为 0.52 yuan/kg。

水稻种植所产生的生态产品如新鲜空气、较低温度、休闲旅游等生态资源产品属于公务物品，具有非竞争性和非排他性，使得它在使用过程中容易产生"搭便车"行为。因此，人们对于环保责任方的认识，将在很大程度上决定人们参与环境保护的主动性。调查结果表明，受访者对水田保护责任方的认知对支付意愿影响在 5% 显著水平下有意义，55.8% 的受访者认为水田保护人人有责，可见，南京市民对水田保护责任感较强，支付意愿强烈。

表 6-11　二分类变量的 Logistic 向后逐步回归分析结果

变量名称	模型 1			模型 2		
	B	Sig.	Exp（B）	B	Sig.	Exp（B）
年龄	−0.007 6	0.694 4	0.992 5	—	—	—
性别	0.513 8	0.207 7	1.671 6	—	—	—
居住性质	−0.008 7	0.986 7	0.991 3	—	—	—
与水田距离	0.301 8	0.110 9	1.352 3	0.341 4	0.057 6	1.406 9
职业	0.202 3	0.273 6	1.224 2	—	—	—
受教育程度	−0.094 2	0.678 1	0.910 1	—	—	—
人口	−0.037 9	0.811 9	0.962 8	—	—	—
党员人数	−0.355 8	0.083 0	0.700 6	−0.350 6	0.041 9	0.704 3
收入	0.443 6	0.082 5	1.558 3	—	—	—
环保概念	0.479 2	0.071 6	1.614 9	0.444 4	0.066 8	1.559 5
了解功能	−0.137 3	0.276 8	0.871 7	—	—	—
享受功能	0.374 9	0.005 1	1.454 9	0.317 4	0.004 8	1.373 6
保护必要	0.073 7	0.817 8	1.076 5	—	—	—
环保行为	0.317 2	0.245 3	1.373 2	—	—	—
政府作用	0.131 6	0.544 2	1.140 7	—	—	—
责任方	0.891 3	0.030 1	2.438 4	0.884 9	0.021 4	2.422 8
Constant	−3.040 2	0.190 7	0.047 8	—	—	—

注：Nagelkerke R^2=0.156（$p<0.001$），Chi-square=28.802（$p<0.001$）

6.3.5 构建城市周边稻田生态补偿机制

1. 加强宣传，提高市民生态环境保护意识

研究结果显示，一方面，南京市民对水稻生态补偿机制的认知程度较高，在受访的 383 人中愿意支付的概率为 90.6%；以愿意支付的生态补偿费用计，大米平均值为 0.54 yuan/kg。受访者 0 支付的概率为 9.4%，绝大多数受访者拒绝支付的原因集中在对政府的信任度及对水田保护责任方的认知上，他们认为保护水田是政府的责任，不该由市民负责。同时，"人心不齐，少数人支付作用不大"也是受访者不愿支付的主要原因之一。由此可以看出，政府在环境保护中扮演的角色及政府在环保中应该起到的作用是影响市民参与水稻生态补偿计划的主要原因，这与其他生态补偿计划的研究结果比较相似（黄蕾等，2010；王凤珍等，2010）。另一方面，Logistic 回归模型分析各因素对 WTP 的影响及规律结果表明，居住地与水田的距离、家庭党员人数、对环保概念的了解情况、认为享受到水田服务的项目数及对水田保护责任方的认知等 5 因素对受访者支付意愿的影响达到显著水平。第三，态度决定行为，环保态度对支付意愿影响深远。政策的实施离不开公众的支持，公众的意愿对政策实施至关重要（Adams et al., 2004）。因此，了解公民的补偿意愿对环保政策的制定具有重大意义（曹世雄等，2007）政府要加强宣传环境保护意识，通过电视、报刊等手段宣传水稻田在环境保护中的作用，提高人们对水田所产生的非物质价值的认知，提高市民环保意识。

2. 界定补偿范围，制定合理补偿标准

城市周边稻田的边界界定是实施生态补偿机制的前提。城市周边稻田地市生态系统为市民提供了城市降温、蓄洪等功能，但是一般城区规模差异较大，市民的保护意识存在差异。因此，如何合理界定城市周边稻田生态系统服务范围，进而确定补偿的范围是构建生态补偿机制的关键。第一，需要通过实验研究及大数据分析来确定稻田生态系统的服务功能辐射范围；第二，根据研究结果通过开展市民调查，确定市民对稻田生态服务功能的补偿意愿；第三，通过开展农户调查，明确农户对稻田生态服务价值及生态补偿实

施形式和补贴金额的接受意愿；第四，尝试提高生态服务功能及其价值的补贴方式，例如，减少农药、化肥使用，减少稻田废水向周围水域排放等。实现水稻生态补偿不但提高农民收益，而且能提高稻田生态系统服务功能，使市民能享受到补偿带来的价值。

3. 发展农业休闲旅游，实现多元化生态补偿机制

随着经济社会的发展和人民生活节奏加快，城市居民面临环境和生活压力，人民渴望从喧嚣的城市解脱出来回归大自然。乡村旅游业得以迅猛发展。城市居民周末或节假日选择城市周边农家乐进行休闲娱乐活动，回归大自然，体验特色风土人情，体验乡村生活的乐趣。稻田生态系统具有我国传统农耕文化特色，通过从事插秧、收获等农事活动、农具体验等，享受和体验乡村生活的乐趣，实地享受稻田生态系统服务功能。

参考文献

曹世雄，陈军，陈莉，等.2007.中国居民环境保护意愿的调查分析 [J].应用生态学报，18（9）：2 104-2 110.

车越，吴阿娜，赵军，等.2009.基于不同利益相关方认知的水源地生态补偿探讨——上海市水源地和用水区居民问卷调查为例 [J].自然资源学报，24（10）：1 829-1 836.

陈飞星，张增杰.2002.稻田养蟹模式的生态经济分析 [J].应用生态学报，13（2s）：323-326.

冯金朝，石莎，何松杰.2008.云南哈尼梯田生态系统研究 [J].中央民族大学学报（自然科学版），2008，17（增刊）：146-152.

葛颜祥，梁丽娟，王蓓蓓，等.2009.黄河流域居民生态补偿意愿及支付水平分析——以山东省为例 [J].中国农村经济（10）：77-85.

龚秀萍，孙海清.2010.云南元阳梯田农耕文化的发展对建设现代农业的启示 [J].理论探讨（9）：272-273.

侯甬坚.2007.红河哈尼梯田形成史调查和推测 [J].南开学报（3）：53-61.

黄蕾，段百灵，袁增伟，等.2010.湖泊生态系统服务功能支付意愿的影响因素——

以洪泽湖为例 [J]. 生态学报，30（2）：487-497.

胡亮亮 . 2014. 农业生物种间互惠的生态系统功能 [D]. 杭州：浙江大学 .

李伯华，刘传明，曾菊新 . 2008. 基于农户视角的江汉平原农村饮水安全支付意愿的实证分析——以石首市个案为例 [J]. 中国农村观察（3）：20-28.

李凤博，徐春春，周锡跃，等 . 2009. 稻田生态补偿理论与模式研究 [J]. 农业现代化研究，30（1）：102-105.

李文华 . 2008. 生态系统服务功能价值评估的理论、方法与应用 [M]. 北京：中国人民大学出版社 .

李晟，郭宗香，杨怀宇，等 . 2009. 养殖池塘生态系统文化服务价值的评估 [J]. 应用生态学报，20（12）：3 075-3 083.

刘亚萍，潘晓芳，钟秋平，等 . 2006. 生态旅游区自然环境的游憩价值——运用条件价值评价法和旅行费用法对武陵源风景区进行实证分析 [J]. 生态学报，26（11）：3 765-3 774.

路壹 . 2015. 稻田多熟制生态种养系统碳汇功能与生态补偿标准研究 [D]. 长沙：湖南农业大学 .

吕东锋，王武，马旭洲，等 . 2011. 稻蟹共生对稻田杂草的生态防控试验研究 [J]. 湖北农业科学，50（8）：1 574-1 578.

角媛梅，杨有洁，胡文英，等 . 2006. 哈尼梯田景观空间格局与美学特征分析 [J]. 地理研究，25（4）：624-632.

角媛梅 . 2008. 哀牢山梯田景观多功能的综合评价 [J]. 云南地理环境研究，20（6）：7-10.

秦钟，章家恩，骆世明，等 . 2010. 稻鸭共作系统生态服务功能价值的评估研究 [J]. 资源科学，32（5）：864-872.

欧阳志云，肖寒，赵景柱，等 . 2002. 海南岛生态系统服务功能及其生态价值研究——以长白山森林生态系统为例 [C]// 生态系统服务功能研究 . 北京：气象出版社 .

万太本，邹首民 . 2008. 走向实践的生态补偿——案例分析与探索 [M]. 北京：中国环境科学出版社 .

王林 . 2009. 文化景观遗产及构成要素探析——以广西龙脊梯田为例 [J]. 广西民族研究（1）：177-183.

王燕萍 . 2009. 图书馆参与非物质文化遗产保护与传承的探索——以梅源梯田开犁

节为例 [J]. 图书馆研究与工作（2）：19-21.

王锋，张小栓，穆维松，等 . 2009. 消费者对可追溯农产品的认知和支付意愿分析
　　[J]. 中国农村经济（3）：68-74.

王凤珍，周志，郑忠明 . 2010. 武汉市典型城市湖泊湿地资源非使用价值评价 [J]. 生
　　态学报，30（12）：3 261-3 269.

文波龙，任国，张乃明 . 2009. 云南元阳哈尼梯田土壤养分垂直变异特征研究 [J]. 云
　　南农业大学学报，24（1）：78-81.

吴敏芳，郭梁，张剑，等 . 2016. 稻鱼共作对稻纵卷叶螟和水稻生长的影响 [J]. 浙江
　　农业科学，57（3）：446-449.

肖筱成，谌学珑，刘永华 . 2001. 稻田主养彭泽鲫鱼防治水稻病虫草害的效果观测 [J].
　　江西农业科技（4）：45-46.

谢坚，刘领，陈欣，等 . 2009. 传统稻鱼系统病虫草害控制 [J]. 科技通报，25（6）：
　　901-805，810.

徐福荣，汤翠凤，余腾琼，等 . 2010. 中国云南元阳哈尼梯田种植的稻作品种多样性 [J].
　　生态学报，30（12）：3 346-3 357.

严桂珠，孙飞 . 2018. 稻田综合种养技术模式及效益分析 [J]. 中国稻米，24（1）：
　　83-86.

袁伟玲，曹凑贵，汪金平，等 . 2010. 稻鱼共作生态系统浮游植物群落结果和生物多
　　样性 [J]. 生态学报（1）：253-257.

杨志新，郑大玮，文化 . 2005. 北京郊区农田生态系统服务功能价值的评估研究 [J].
　　自然资源学报，20（4）：564-571.

展茗，曹凑贵，汪金平，等 . 2008. 复合稻田生态系统温室气体交换及其综合增温潜
　　势 [J]. 生态学报，28（11）：5 461-5 468.

张彩 . 2009. 梯田建设在农村经济发展中的地位与作用 [J]. 甘肃水利水田技术，45
　　（8）：58-89.

张丹，刘某承，闵庆文，等 . 2009. 稻鱼共生系统生态服务功能价值比较——以浙
　　江省青田县和贵州省从江县为例 [J]. 中国人口 . 资源与环境，19（6）：30-36.

张剑，胡亮亮，任伟征，等 . 2017. 稻鱼系统中田鱼对资源的利用及对水稻生长的影
　　响 [J]. 应用生态学报，28（1）：299-307.

张翼飞，陈红敏，李瑾 . 2007a. 应用意愿价值评估法，科学制订生态补偿标准 [J].
　　生态经济（9）：28-31.

张翼飞，刘宇辉 . 2007b. 城市景观河流生态修复的产出研究及有效性可靠性检验——基于上海城市内河水质改善价值评估的实证分析 [J]. 中国地质大学学报（社会科学版），7（2）：39-44.

张志强，徐中民，程国栋 . 2003. 条件价值评估法的发展与应用——地球科学进展 [J]. 地球科学进展，18（3）：454-463.

郑海霞，张陆彪，涂勤 . 2010. 金华江流域生态服务补偿支付意愿及其影响因素分析 [J]. 资源科学，32（4）：761-767.

郑循华，王明星，王跃思，等 . 1997. 华东稻田 CH_4 和 N_2O 排放 [J]. 大气科学，21（2）：231-237.

朱安香，阎彦梅 . 2011. 坡耕地新修梯田土壤水分状况研究 [J]. 农业科技通讯（1）：54-55.

朱有勇 . 2009. 元阳梯田红米稻作文化———一项亟待研究和保护的农业科学文化遗产 [J]. 学术探索（3）：14-15.

Adams W M, Aveling R, Brockington D, et al. 2004. Biodiversity conservation and the eradication of poverty[J]. Science, 306：1 146-1 149.

Bateman I J, Langford I H, Turner R K, et al. 1995. Elicitation and truncation effects in contingent valuation studies[J]. Ecological Economics, 12：161-179.

Björklund J, Limburg K E, Rydberg T. 1999. Impact of production intensity on the ability of the agricultural landscape to generate ecosystem services：an example from Sweden[J]. Ecological Economics, 29：269-291.

Choi K S, Lee K J, Lee B W. 2001. Determining the value of reductions in radiation risk using the contingent valuation method[J]. Annals of Nuclear Energy, 28：1 431-1 445.

Davis R. 1963. Recreation planning as an economic problem[J]. Natural Resources Journal, 3（2）：239-249.

Frei M, Becher K. 2005. Integrated rice fish production and methane emission under greenhouse conditions[J]. Agriculture, Ecosystems and Environment, 107：51-56.

Hanemann W. 1989. Welfare evaluations in contingent valuation experiments with discrete response data：reply[J]. American Journal of Agricultural Economics, 71（4）：1 057-1 061.

Li C F, Cao C G, Wang J P, et al. 2008. Nitrogen losses from integrated rice-duck and rice-fish ecosystems in southern China[J]. Plant Soil, 307（1-2）：207-217.

Xie J, Hu L, Tang J, et al. 2011. Ecological mechanisms underlying the sustainability of the agricultural heritage rice-fish coculture system[J]. PNAS, 108 (50) : E1381–E1387.

Yuan J J, Xiang J, Liu D Y, et al. 2019. Rapid growth in greenhouse gas emissions from the adoption of industrial-scale aquaculture[J]. Nature Climate Change DOI : 10. 1038/s41558-019-0425-9.

第 7 章
我国稻田生态系统环境效应研究

稻田生态系统除了固碳、控洪等正向生态功能之外，也对周边水体、大气等产生负向的环境效应，如养分流失、温室气体排放等。近年来，稻田生态系统的环境效应日益受到重视。为此，本章着重针对稻田的环境效应，采用文献数据、农户调研数据及田间试验结果，研究了不同生产管理措施对单位面积温室气体排放、水稻产量以及单位产量温室气体排放的影响；分析了长江流域水稻生产碳氮足迹及其影响因素，并从优化农作措施角度评价了水稻的高产低碳绿色技术；阐明了典型地区梯田土壤碳氮空间分布及其影响因素，以期能为减轻我国水稻生产负向环境效应，保障稻田土壤肥力和可持续生产力提供理论支持与科学参考。

7.1   种植措施对稻田温室气体排放的影响

施肥、灌溉、土壤耕作等种植措施是影响稻田温室气体排放和水稻产量的重要因素。一方面，大量田间试验结果显示，稻田土壤 CH_4 和 N_2O 排放受灌溉方式、施氮量、施肥方式以及土壤耕作方式等生产管理措施的显著影响，通过调整生产管理方式可以显著减少稻田温室气体排放（Wassmann et al., 2000b；李香兰等，2008）。以往研究表明，水稻生长期稻田长期持续淹水会造成稻田极端厌氧，有利于 CH_4 的产生和排放；而在分蘖期排水烤田可以使大气中的 O_2 扩散到土壤中改变土壤的还原状态，从而抑制 CH_4 的排放。与长期淹水相比，分蘖排水烤田可以显著降低 26%~59% 的稻田 CH_4 排放（Linquist et al., 2012）。另一方面，这些生产管理措施也是影响作物产量的关键因素。随着我国人口的不断增长，对水稻的刚性消费需求也在不断增加。由于耕地以及水资源的限制，水稻的增产必然依赖生产管理措施的不断发展。因此，水稻生产管理措施是影响稻谷增产和温室气体减排平衡的重要因素。

近 40 年来，已有大量田间试验探索了不同管理措施对稻田温室气体排放的影响，但是单个试验之间的结果存在较大差异。例如，氮肥是保障作物产量的重要措施。但是在不同试验中，施氮对农田土壤 CH_4 和 N_2O 排放的影响却存在较大差异。有研究显示，与不施氮相比，在水稻季施氮会显著增加稻田 CH_4 排放（Banik et al., 1996），然而也有大田试验结果显示，施氮会显著降低稻田 CH_4 排放（Cai et al., 1997）。耕作方式对农田土壤 N_2O 排放的影响也存在较大差异，有研究显示，与传统翻耕相比，少免耕可以降低农田土壤 N_2O 排放（Malhi and Lemke, 2007）；但是也有研究显示，少免耕处理下农田土壤 N_2O 排放要高于传统翻耕处理（Chen et al., 2008）；此外，也有研究报道，二者并没有显著差异（Choudhary et al., 2002）。由于这些差异，不同生产管理措施对农田土壤 CH_4 和 N_2O 排放的量化效应并不十分明确，需要对不同试验的结果进行整合分析和综合评价。目前，已有一些研究对此开展了定性或定量的综合分析，但是这些研究大多集中于生产管理措施对农田温室气体单方面的影响（Yan et al., 2003c；Kim et al., 2013），而忽略了对产量的综合影响。为了实现作物增产和农田温室气体减排的双赢，越来越多的学者建议应综合评价对农田温室气体排放和作物产量两方面的影响（Van Groenigen et al., 2010；Linquist et al., 2012）。为此，主要采用 Meta 分析法，以我国近 40 年的大田监测数据为基础，对不同生产管理措施（氮肥、有机肥、土壤耕作、灌溉方式）对单位面积温室气体排放、水稻产量以及单位产量温室气体排放的影响进行了综合评价。

7.1.1 数据来源与分析方法

1. 数据来源

通过 Web of science 和 CNKI 数据库以及 Google scholar 搜索引擎，以 "CH$_4$""N$_2$O""水稻"等为关键词初步搜索出 1 000 多篇关于我国稻田温室气体排放特征的研究文献，通过仔细分析文献的研究目的、试验方法及所得结果，结合本研究的目的，设定了以下 5 条数据筛选标准，以避免在数据取舍和采集中出现遗漏、重复和偏差。

（1）CH$_4$ 和 N$_2$O 排放量必须是大田监测结果，盆栽试验文献不选入。

（2）CH$_4$ 和 N$_2$O 排放通量的监测采用静态箱—气象色谱法，采用微气象等其他方法的文献不选入。

（3）田间监测必须持续整个作物生长季，必须同时监测 CH$_4$ 和 N$_2$O 排放通量。

（4）文献中需说明温室气体采样时间和采样频率、平均排放通量、作物生长季累积排放量，以及氮肥施用量、田间水分管理方式等基础参数和信息。

共选择符合上述要求的文献 32 篇，筛选后的文献及数据见表 7–1。

2. 分析方法

根据文献中的处理情况，主要选择了氮肥、有机肥、耕作方式和灌溉方式四类生产管理措施。氮肥主要根据施氮量进行了分类，有机肥分为秸秆还田、厩肥和沼渣三类，耕作方式主要分为少免耕和传统耕作，灌溉方式主要是针对水稻季的水分管理方式，共分为间歇灌溉和长期淹水两类。这些措施对农田温室气体排放的影响采用 Meta 分析中反映比（Response ratio）方法（Hedges et al., 1999）来进行计算：

$$\ln R = \ln (X_t / X_c) \tag{7-1}$$

$$M = EXP \sum \ln R(j) \times W(j) / \sum W(j) \tag{7-2}$$

$$W(j) = n \times f \tag{7-3}$$

式 7–1 中，$\ln R$ 为反映比效应值，X_t 表示不同处理对应的温室气体排放

表 7-1 Meta 分析所选文献及数据情况汇总

序号	试验地	时间	CH₄ 排放量 (kg/hm^2)	N₂O 排放量 (kg/hm^2)	水稻产量 (Mg/hm^2)	试验处理	参考文献
1	海伦	2001—2002	16.8~28.9	0.20~0.80	6.32~6.37	灌溉、氮肥	(Yue et al., 2005)
2	同江	2004—2006	76.2~174.1	0.77~2.89	4.2~6.2	氮肥	(王毅勇等, 2008)
3	沈阳	2000	174.3~230.0	0.47~0.58	—	灌溉	(Jiao et al., 2006)
4	北京	2001—2002	-0.86~10.25	0.33~5.94	3.3~8.5	节水灌溉	(Kreye et al., 2007)
5	北京	1996	16.4~629.6	0.01~0.98	—	灌溉、肥料、品种	(Yue et al., 1997)
6	宜兴	2009	83.5~142.7	0.86~3.13	8.60~10.20	氮肥	(Zhang et al., 2010)
7	南京	2007	36.9~126.7	0.08~2.04	4.40~6.51	种植方式	(Qin et al., 2010)
8	南京	2007	45.9~66.0	0.47~3.52	3.24~8.91	灌溉	(Zou et al., 2009)
9	宜兴	2003—2005	32.2~867.1	0.06~0.79	5.77~7.30	氮肥、秸秆还田	(Ma et al., 2009)
10	江宁	2001	39.0~137.4	3.14~4.17	7.14~8.33	有机肥	(邹建文等, 2003)
11	南京	1994	35.9~89.0	0.17~0.98	5.20~7.26	氮肥	(Cai et al., 1997)
12	昆山	2007	28.8~70.1	0.10~0.11	8.06~10.18	灌溉	(Peng et al., 2011)
13	常熟	2008	175.4~432.7	1.86~4.15	9.63~10.18	耕作、秸秆还田	(张岳芳等, 2009)
14	武穴	2008	341.5~626.9	0.48~4.64	6.52~8.92	耕作、施肥	(代光照等, 2009)
15	句容	2004—2006	64.5~561	0.17~1.77	5.31~7.05	秸秆还田	(Ma et al., 2009)
16	常熟	2008	153.8~175.4	3.47~3.90	9.63~9.75	种植方式	(张岳芳等, 2010)
17	如皋	2001	2.49~5.87	2.15~12.61	7.80~9.60	种植方式	(李曼莉等, 2003)
18	武汉	2007—2008	341.5~424.3	1.80~2.00	8.13~8.14	稻鱼共作	(展茗等, 2009)
19	武汉	2006—2007	186.3~239.8	2.1~2.35	6.59~6.84	稻鸭、稻鱼共作	(袁伟玲等, 2009)
20	武穴	2006	342.4~659.6	0.59~7.42	—	耕作	(Ahmad et al., 2009)
21	吴县	1996	218.6~245.3	1.62~2.31	—	有机肥	(郑循华等, 1997)
22	南京	1999—2000	30.4~435.0	0.01~11.72	—	灌溉	(蒋静艳, 2001)
23	南京	2000—2002	40.0~293.3	0.05~9.70	—	灌溉、氮肥、秸秆	(Zou et al., 2005)
24	盐亭	2003—2004	262.2~646.3	2.50~3.20	6.19~8.86	耕作、秸秆	(Jiang et al., 2006)
25	长沙	2007—2009	42.5~761.4	0.31~2.53	4.15~6.51	氮肥	(秦晓波, 2011)
26	长沙	2009	46.9~229.2	0.21~0.90	1.75~9.13	氮肥、有机肥	(石生伟等, 2011a)
27	长沙	2009	50.3~507.5	0.32~3.67	3.33~8.03	氮肥、有机肥	(石生伟等, 2011b)
28	桃源	2007—2009	191.3~827.0	0.06~0.64	2.84~5.58	氮肥、有机肥	(Shang et al., 2010)
29	望城	2004	315.4~470.4	0.17~1.46	2.07~5.75	轮作制度	(秦晓波等, 2006)
30	长沙	2009	104.8~589.0	0.41~1.41	7.03~8.57	轮作制度	(唐海明等, 2010)
31	长沙	2010	91.07~164.6	0.16~0.34	—	秸秆	(石生伟等, 2011d)
32	长沙	2010	141.4~144.6	1.05~1.29	—	秸秆	(石生伟等, 2011c)

量、水稻产量以及单位产量排放量，X_c 表示对照的温室气体、水稻产量以及单位产量排放量，在计算中，氮肥、有机肥、耕作方式和灌溉方式的对照分别为不施氮肥处理、不施有机肥处理、传统翻耕处理以及长期淹水处理。式 7-2 中，M 为反映比加权平均值，$W(j)$ 为单个文献的权重值，其计算公式为 7-3。在式 7-3 中，n 表示文献 j 中田间试验的重复数，f 表示文献 j 中温室气体排放通量每月测试次数，即在计算中对重复次数多、测试频率高的文献赋予更高的权重。有些文献监测了多年温室气体排放量，则以多年排放量的均值作为一个效应值来计算。

7.1.2 氮肥对稻田温室气体排放的影响

施氮是保障作物产量的重要农艺措施。图 7-1 显示了 5 个氮肥水平下施氮对稻田 CH_4、N_2O、水稻产量以及单位水稻产量温室气体排放的影响。从图中反映比值（response ratio）可以看出，对于稻田 CH_4 排放，在 50~100 kg/hm²、100~150 kg/hm² 和 200~250 kg/hm² 三个水平下反映比值均大于 1，表明与不施氮对照相比，上述三个水平的施氮量对稻田 CH_4 排放具有一定促进作用，但是从反映比的 95% 置信限（图中误差限）来看，促进效应并不显著。而在另外两个施氮水平下，反映比值均小于 1，但是也不显著。这主要是因为，氮肥对稻田土壤 CH_4 排放的影响较为复杂，它涉及 CH_4 的产生和氧化的多个过程。例如，施氮会促进植株根系生长为 CH_4 提供基质从而促进 CH_4 产生；施氮也为甲烷氧化菌的生长提供了充足的氮源从而促进 CH_4 的氧化；施氮后稻田土壤产生大量 NH_4^+ 又会竞争 CH_4 的氧化，从而促进 CH_4 排放（Schimel，2000）。以往的综合分析也认为施氮对稻田 CH_4 排放并没有显著效应（Cai et al.，2007；Linquist et al.，2012），与本研究的分析结果一致。但是也有 meta 分析结果显示，施氮对稻田 CH_4 排放的效应受到灌溉方式的影响，在长期淹水灌溉下，施氮会增加稻田 CH_4 排放；但是在间歇灌溉方式下，低施氮量（<140 kg/hm²）促进 CH_4 排放，高施氮量（>140 kg/hm²）则抑制 CH_4 排放（Banger et al.，2012）。在本研究中，由于同时报道水稻产量、施氮以及灌溉方式对稻田 CH_4 排放影响的研究较少，并没有区分灌溉方式的影响。在以后的分析中，还需要进一步深入分析施氮、灌溉方式对稻田 CH_4 排放和水稻产量的综合影响。

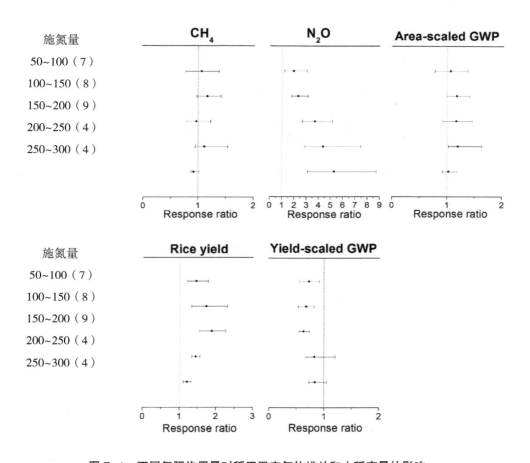

图 7-1　不同氮肥施用量对稻田温室气体排放和水稻产量的影响

对于 N_2O 排放，5 个氮肥水平下反映比值为 2.0~5.3，随施氮量的增加而逐渐升高。这说明，5 个氮肥水平下 N_2O 排放量是不施氮对照的 2.0~5.3 倍，施氮显著促进了稻田土壤 N_2O 排放，并且这种促进效应随施氮量增加而不断增强。这与以往的研究结果一致（Zou et al., 2007；Kim et al., 2013）。从 CH_4 和 N_2O 排放总量来看（图中 Area-scaled GWP），5 个施氮水平下反映比值均大于 1，表明施氮会增加稻田土壤温室气体排放。从对水稻产量的反映比值来看，施氮均能显著提高水稻产量，增产效应随施氮量增加而先增加再降低。从单位产量温室气体排放的影响来看（图中 yield-scaled GWP），5 个氮肥水平下反映比值为 0.63~0.84，其中，50~100 kg/hm^2、100~150 kg/hm^2 和 150~200 kg/hm^2 施氮量下反映比值显著小于 1。这些结果表明，与不施氮相比，氮肥施用增产效应要大于对温室气体排放的促进效应，可以降低单位产量温室气体排放量。在 150~200 kg/hm^2 时，反映比值最小，其单位产量温室气体排放量比不施氮对照减少 27%。

7.1.3 有机肥对稻田温室气体排放的影响

在水稻生产中，施用有机肥是保持土壤肥力和改良土壤结构的重要措施。根据水稻生产中常用的有机肥类型以及文献中的有机肥处理情况，将有机肥划分为秸秆、厩肥和沼渣三种类型，如图 7-2 所示。从图中的结果可以看出，与不施用有机肥相比，施用沼渣对稻田 CH_4 排放的反映比值大于 1，但不显著；而施用厩肥和秸秆还田对 CH_4 排放的反映比值均显著大于 1。这说明，施用厩肥和秸秆还田会显著促进稻田 CH_4 排放，施用厩肥和秸秆还田处理下稻田 CH_4 排放量要比不施有机肥对照高 2~3 倍，这主要是因为，厩肥和秸秆为产 CH_4 提供了大量的易降解碳源，从而促进了 CH_4 的产生（Ma et al., 2009）。但是，施用沼渣对稻田 CH_4 排放并没有显著的促进效应，其 CH_4 排放量与不施有机肥对照并没有显著差异。主要是因为易降解有机物在沼气化过程中已充分发酵分解（Lu et al., 2000b）。从对稻田 N_2O 排放的影响来看，三种有机肥的反映比值均小于 1，说明施用有机肥对稻田 N_2O 排放具有一定的抑制效应。从对 CH_4 和 N_2O 总排放量的影响来看，施用沼渣反映比值接近 1，但施用厩肥和秸秆还田反映比值均显著大于 1。这说明，与不施用有机肥相比，施用沼渣不会增加稻田温室气体排放；而施用厩肥和秸秆还田则显著增加稻田温室气体排放 1.6~2.6 倍。从对水稻产量的影响来看，秸秆还田具有显著的增产效应，其产量比不施有机肥对照高 3%；而施用沼渣和厩肥对水稻产量没有显著影响。从单位产量排放量来看，秸秆还田和施用厩肥处理下的单位产量排放量分别为不施有机肥对照的 1.5 倍和 2.5 倍，秸秆还田和施用厩肥显著增加单位水稻产量温室气体排放量。而施用沼渣则对单位产量排放量没有显著影响。在生产上，可以考虑将厩肥和秸秆沼气化利用后再进行还田，则既能保障土壤培肥和水稻产量，又不再增加稻田温室气体排放。

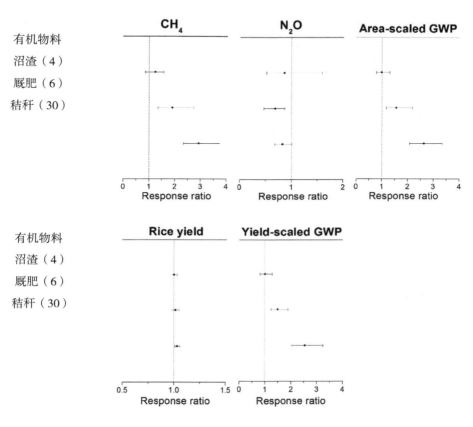

图 7-2　有机肥对稻田温室气体排放和水稻产量的影响

7.1.4　耕作措施对稻田温室气体排放的影响

图 7-3 显示了耕作方式对稻田温室气体排放和水稻产量的影响。从图中可以看出，少免耕对稻田 CH_4 排放的反映比值小于 1，这说明，与传统耕作方式相比，少免耕可以减少稻田 CH_4 排放，少免耕处理下稻田 CH_4 排放比传统耕作方式降低 26%。这主要是因为少免耕处理下土壤质地要高于传统耕作方式，可溶性有机碳含量则低于传统耕作，从而抑制了稻田 CH_4 的

产生和排放（Li et al., 2011）。少免耕对 N_2O 排放的反映比值大于 1，与传统耕作相比，少免耕促进了 N_2O 排放，但是变异较大。从对 CH_4 和 N_2O 排放总量来看，少免耕处理的排放总量要比传统耕作低 21%。少免耕与传统耕作处理的水稻产量相近。这与以往的研究结果一致（Xu et al., 2010；Huang et al., 2011）。从对单位产量温室气体排放的影响来看，少免耕处理下单位产量温室气体排放比传统耕作降低 20%，可以减少单位水稻产量温室气体排放量。但是从反映比值的误差限来看，这种效应也存在较大变异。少免耕对作物的影响可能受到秸秆还田、施肥方式、持续时间、土壤水分等多方面的影响（谢瑞芝等，2007；Alvarez 和 Steinbach，2009；Van den Putte et al., 2010）。

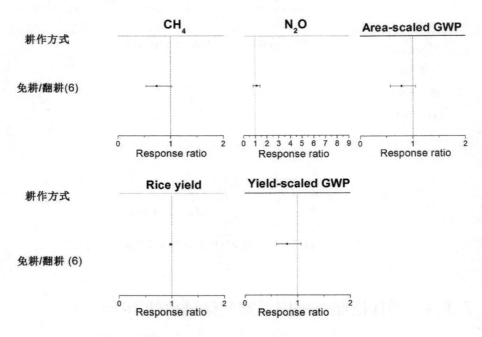

图 7-3　耕作方式对稲田温室气体排放和水稻产量的影响

7.1.5　灌溉方式对稲田温室气体排放的影响

灌溉方式对稲田温室气体排放及水稻产量的影响如图 7-4 所示。从图中可以看出，间歇灌溉对稲田 CH_4 排放的反映比值为 0.38，显著小于 1。

这表明，间歇灌溉处理下稻田 CH_4 排放仅为长期淹水灌溉对照的 38%，显著减少了稻田 CH_4 排放。这与以往研究结果一致（Minamikawa and Sakai，2005；Zou et al., 2005）。然而，间歇灌溉在减少稻田 CH_4 排放的同时却促进了 N_2O 的排放，间歇灌溉对 N_2O 排放的反映比值为 3.78，这说明间歇灌溉处理下稻田 N_2O 排放量是长期淹水对照的 3.78 倍。但是从 CH_4 和 N_2O 总排放量来看，间歇灌溉处理的总排放量仅为长期淹水的 46%，说明间歇灌溉可以减少稻田温室气体总排放量。间歇灌溉处理下水稻产量比长期淹水处理高 11%。从对单位产量温室气体排放的影响来看，间歇灌溉处理的反映比值为 0.41，显著小于 1。这说明，与长期淹水相比，间歇灌溉可以显著减少59% 的单位产量温室气体排放量。

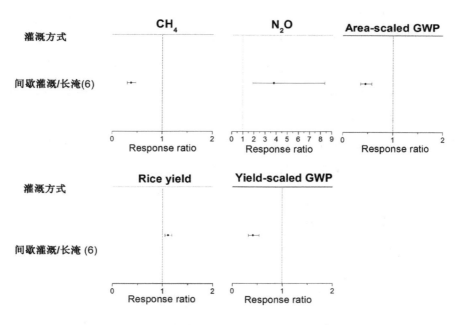

图 7-4　灌溉方式对稻田温室气体排放和水稻产量的影响

间歇灌溉对产量的影响却存在差异，一些研究结果显示，间歇灌溉可以显著增加水稻产量（Ramasamy et al., 1997；Qin et al., 2010）；但是也有研究显示，间歇灌溉会降低水稻产量（Bouman and Tuong, 2001；Towprayoon et al., 2005）。这种差异可能主要由于水分管理中排水次数、排水长度、作物管理等因素引起的（Tabbal et al., 2002；Belder et al., 2004）。诚然，增加排水有利于减少 CH_4 排放，但是过度的水分控制可能会造成水分胁迫，影响水稻正常生长，导致水稻减产（Lu et al., 2000a）。在生产中应综合考虑 CH_4 减排和作物产量的平衡。

7.2 长江下游地区双季稻生产碳氮足迹分析

人为环境退化（如气候变化、水体富营养化、酸雨）严重威胁着人类和地球上其他生物的福祉。近几十年来，气候变化给自然和人类系统带来了许多风险，原因是人为温室气体（GHGs）排放，如 CO_2、CH_4 和 N_2O（Stocker et al., 2013）。农业是人为温室气体排放的主要贡献者之一，特别是非 CO_2 排放（即 CH_4 和 N_2O 排放）（Stocker et al., 2013）。与此同时，合成氮肥在农业生态系统中得到广泛应用，农作物产量不断提高的同时，也不可避免地导致多余的氮肥在空气、水和土壤中流失，对生态系统和人类健康造成破坏性影响，并且会引起一系列的环境变化，例如，水富营养化、烟雾、酸雨、平流层臭氧损耗、生物多样性丧失等（Galloway et al., 2008）。此外，次生空气污染物（如次生颗粒物）的间接影响更大程度地关系到人类健康和周围的生态系统（Moldanová et al., 2011）。因此，量化和评估碳和氮排放对农业生态系统的影响程度，可以为缓解气候变化和进一步的环境问题提供一个潜在的解决方案，并有助于提高公众和决策者对环境友好型技术发展的认识。

足迹研究是当前生态经济学和可持续发展研究领域的热点之一（方恺，2005）。足迹类指标为评估农业土地利用资源消耗和废弃物排放等提供了新的理念和途径。碳足迹起源于生态足迹，用以表征人类活动的温室效应代价。农业碳足迹指农产品在生育时期内直接和间接产生的温室气体总量，其单位以全球增温潜势表述（方恺，2005）。目前，碳足迹已经广泛运用于农业领域。一些学者分别从全球、国家、区域层面评估了主要作物生产、消费的碳足迹。国内部分学者利用生命周期评价法评估了中国不同区域不同粮食作物生产的碳足迹（王占彪等，2016；米松华等，2014）。例如，Cheng等（2011）利用近 40 年的国家农作物农资投入统计数据，计算评估了我国不同农作物的单位产量碳足迹，研究指出水稻、小麦、玉米和大豆的单位产量碳足迹分别为 0.37 kgCE/kg、0.14 kgCE/kg、0.12 kgCE/kg 和 0.10 kgCE/kg。氮足迹最早是 2010 年 12 月由美国弗吉尼亚州立大学 Galloway 等国际著名科学家在印度新德里举行的第五次国际氮素大会上提出，受到了国内外学者的广泛关注，其主要用于定量表述地球资源消耗而排放到环境中的活性氮总量。目前，氮足迹普遍定义为某种产品或者服务在其生产、运输、储存以及消费过程中直接或间接排放的活性氮的总和（秦树平等，2011）。关于氮足迹的研究才刚刚起步，其概念及研究方法等都处于探索发展阶段。国内外已有学者定量分析了国家、区域及家庭尺度人类活动所产生的活性碳流动（Pierer et al.，2014；Gu et al.，2013）。

长江下游地区的双季稻生产在中国占有重要地位，其中，2016 年湖南和江西两地双季稻播种面积为 $5.77 \times 10^6 \mathrm{hm}^2$，占全国双季稻播种面积的 49.1%，双季稻产量为 $3.48 \times 10^7 \mathrm{t}$，占全国双季稻总产量的 50.2%。近 20 年来，我国双季稻单产呈现显著增长的趋势，但是化肥等农资投入也出现增加的趋势，从而进一步带来温室气体排放的显著增加以及农业面源污染的加剧。现阶段，国内外对农作物碳足迹的研究较多，但是基本基于生产投入统计数据，基于农户大规模调研数据的双季稻碳足迹及其低碳减排策略的研究鲜见报道。另外，现阶段我国还缺乏基于生命周期法对粮食作物生产的氮足迹分析研究，而对双季稻生产的碳足迹和氮足迹进行定量评估对于缓解气候变化和减少环境污染至关重要。因此，本小节基于农户调研数据，运用生命周期法评价分析长江下游地区双季稻生产碳足迹和氮足迹及其构成，并阐述碳足迹和氮足迹影响因素机制，综合评价双季稻生产系统对生态环境形成的压力，为转变人类不合理的农业土地利用方式、调整农业土地利用结构、优化与设计低环境风险的农业土地利用系统提供理论指导及数据支撑。

7.2.1 研究方法与数据来源

1．数据来源

本研究选择长江下游地区江西、湖南双季稻主产区为主要研究区域，研究团队于 2016—2017 年走访了每个省份 2~3 个县市，每个县（市）选择 2~3 个农村，每个村随机选取出 20 户种粮家庭，调查内容包括双季稻种子投入量、出售价格、种植规模、化肥用量、灌溉用电量、农机投入消耗的柴油量播种量和农药用量等。本次农户调查共计收到问卷 120 份，有效问卷 106 份，问卷合格率达 88%。

2．研究边界

在本研究中，以水稻季播种到收获整个生育期为研究界限，计算分析生育期内水稻生产温室气体排放和活性氮排放（图 7-5）。温室气体排放源主要包括三部分：①种子、化肥、农膜、农药等生产和运用中所产生的间接温室气体排放；②农事操作过程中灌溉耗电、耕作收获耗油间接耗费石化燃料所形成的温室气体排放；③水稻种植期间，所产生的稻田温室气体直接排放。理论上，稻田温室气体排放主要包括有 CH_4、N_2O 和 CO_2 等，但水稻光

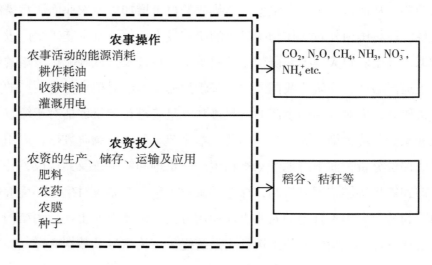

图 7-5 系统边界

合作用所固定的 CO_2 要大于呼吸 CO_2，在水稻生育期内的 CO_2 净排放通量为负值，因此，CO_2 一般不列入稻田温室气体排放清单中予以计算。双季稻的氮足迹包括两部分：各项农资投入（如肥料、农膜、灌溉及其他机械柴油消耗等）整个生产生命周期过程中的潜在活性氮排放；稻田活性氮损失量，如稻田 NH_3 挥发、N_2O 排放、稻田 NO_3^- 和 NH_4^+ 淋失。

3. 双季稻碳足迹计算方法

本研究碳足迹及稻田 CH_4 计算方法主要参考《2006 年 IPCC 国家温室气体清单指南》（IPCC，2006）。水稻碳足迹计算如下：

$$CF = \sum_{i=1}^{n} (\alpha_{m_c})_i + CF_{CH_4} + CF_{N_2O} \qquad (7-4)$$

式中，CF 为早稻和晚稻生产单位面积碳足迹（$kg\ CO_2\ eq/hm^2$）；n 表示该双季稻生产系统从播种到收获整个过程消耗的农业生产资料种类和农事操作（化肥、农药、柴油等），α 表示某种农资的消耗量（kg），m_c 表示某种农资的温室气体排放参数，本研究排放参数主要源于中国生命周期数据库（CLCD）和 Ecoinvent 2.2 数据库（表 10-1）。稻田 CH_4 的排放量的计算方法参考 ISO/TS14067 碳足迹核算标准。

$$CF_{CH_4} = EF_{i,j,k} \times t_{i,j,k} \times 25 \qquad (7-5)$$

$$EF_{i,j,k} = EF_C \times SF_W \times SF_P \times SF_O \qquad (7-6)$$

$$SF_O = (1 + \sum_i ROA_i \times CFOA_i)^{0.59} \qquad (7-7)$$

$$ROA_i = Y \times 0.623 \times ISR_p \times 0.85 \qquad (7-8)$$

式中，CF_{CH_4} 为 CH_4 排放引起的 CO_2 排放当量（$kgCO_2\ eq/hm^2$）。$EF_{i,j,k}$ 是在 i，j 和 k 条件下的日排放因子（$kgCH_4/(hm^2 \cdot day)$）；$t_{i,j,k} = i$，j 和 k 条件下的水稻种植期（日）。i，j，k 分别代表不同的生态系统、水分状况、有机添加量以及其他可以引起水稻 CH_4 排放变化的条件；EF_C 是不含有机添加物的持续性灌水稻田的基准排放因子（$1.3\ kgCH_4/(hm^2 \cdot day)$），$SF_W$、$SF_P$ 分别为种植期不同水分状况的换算系数和种植期前季不同水分状况的换算系数，结合肖玉的研究（2005），本研究 $SF_W = 1$，$SF_P = 1$。SF_O 是有机添加物类型和数量变化的换算系数，$CFOA_i = 1$ 表示在品种土质之间有机添加物的转换系数，ROA_i 为有机添加物的施用比率，Y 为双季稻产量（kg/hm^2），0.623

为水稻草谷比，ISR_p 为稻谷的秸秆还田系数，表示农户稻草还田占稻草产量的比例。0.85 为水稻秸秆干重占鲜重的比值（Lu et al., 2010）。

稻田 N_2O 排放量计算方法则根据农田纯氮使用量进行估算：

$$CF_{N_2O}=N\times \varepsilon \times 44/28 \times 298 \qquad (7-9)$$

式中，CF_{N_2O} 为 N_2O 排放引起的 CO_2 排放当量。ε 为氮肥投入引起的 N_2O 直接排放的排放因子，系数分别为 0.007 3。44/28 为 N_2O 与 N_2O-N 分子量之比，298 为在 100 年尺度上将 N_2O 转化为 CO_2 的全球增温潜势。

4. 双季稻氮足迹计算方法

目前，大多关于氮足迹的研究主要是基于投入—产出的方法，其以虚拟氮因子为基准，计算生产每单位质量产品造成的氮素损失量，并没有考虑不同氮素的环境影响，从而产生一定差异（Sefeedpari et al., 2013）。为评价双季稻生产中活性氮损失排放对环境的影响，本研究依据国际标准化组织提供的《环境管理生命周期评价要求和指南》生命周期评价要求，通过 CML 提供的方法将不同形态的活性氮转化为富营养化潜势以便求和计算（Xue et al., 2016）：

$$NF= \sum_{i=1}^{n} (\alpha_{m_N})_i+NF_{NH_3}+NF_{N_2O}+ NF_{NO_3^-} + NF_{NH_4^+} \qquad (7-10)$$

式中，NF 为早稻和晚稻生产单位面积氮足迹（g N eq/hm^2）；n 表示该双季稻生产系统从播种到收获整个过程消耗的农业生产资料种类和农事操作（化肥、农药、柴油等），α 表示某种农资的消耗量（kg），m_N 表示某种农资的活性氮排放参数（表 7-2）。稻田 CH_4 的排放量的计算方法参考 ISO/TS 14067 碳足迹核算标准，稻田 NH_3 挥发、N_2O 排放、稻田 NO_3^- 和 NH_4^+ 淋失产生的氮足迹值计算方法参考 ISO 14044，通过相应的农田施氮量损失系数，将不同形态的活性氮转化为富营养化潜势进行估算。

$$E_{N_2O}=N\times\varepsilon\times 44/28 \times 0.476 \times 1000 \qquad (7-11)$$

$$EV_{NH_3}=N\times\varphi\times 17/14 \times 0.833 \times 1000 \qquad (7-12)$$

$$NL_{NO_3^-}=N\times\sigma\times 17/14 \times 0.238 \times 1000 \qquad (7-13)$$

$$NL_{NH_4^+}=N\times\gamma\times 17/14 \times 0.786 \times 1000 \qquad (7-14)$$

式中，φ、σ、γ，分别为是 NH_3 挥发氮损失系数，NO_3^- 淋溶系数和 NH_4^+

淋溶系数，系数分别为 0.338，0.305 和 0.339，以上系数来源于《肥料流失系数手册》。44/28、17/14、62/14 和 18/14 分别为 N_2O 与 N_2O-N 分子量之比、NH_3 与 NH_3-N 分子量之比，NO_3^- 与 NO_3^--N 分子量之比，NH_4^+ 和 NH_4^+-N 分子量之比。0.476、0.833、0.238 和 0.786 分别为 N_2O 、NH_3、NO_3^- 和 NH_4^+ 的富营养化系数，该部分系数来源于 CML2002（Guinée et al., 2002）。1 000 为单位换算系数（g/kg）。

表 7-2　农业投入资料的温室气体排放系数

项目	碳排放系数（kg CO_2 eq/kg）	氮排放系数
柴油	0.89 kg CO_2 eq/kg	0.56 g N–eq/kg
柴油燃烧	4.1 kg CO_2 eq/kg	4.1 g N eq/kg
灌溉用电	0.82 kg CO_2 eq/kWh	0.76 g N eq /kWh
氮肥	1.53 kg CO_2 eq/kg	0.47 g N eq/kg
磷肥	1.63 kg CO_2 eq/kg	0.36 g N eq/kg
钾肥	0.65 kg CO_2 eq/kg	0.03 g N eq/kg
农膜	22.72 kg CO_2 eq/kg	12.02 g N eq/kg
杀虫剂	16.61 kg CO_2 eq/kg	3.55 g N eq/kg
除草剂	10.15 kg CO_2 eq/kg	4.49 g N eq/kg
杀菌剂	10.57 kg CO_2 eq/kg	7.05 g N eq/kg
水稻种子	1.84 kg CO_2 eq/kg	0.76 g N eq/kg

注：以上排放因子来源于我国自主研发本地化的生命周期基础数据库。

5. 数据处理与分析

利用 Excel 2011 和 SPSS17.0（SPSS Inc., Chicago, IL, US）软件对数据进行处理和统计分析，采用 Excel 2011 和 Sigmaplot 12 制作图表，多重比较采用 LSD 法。逐步回归是将自变量逐个引入模型，每引入一个解释变量后都要进行 F 检验，并对已经选入的解释变量逐个进行 t 检验，当原来引入的解释变量由于后面解释变量的引入变得不再显著时，则将其删除，以确保每次引入新的变量之前回归方程中只包含显著性变量。各自变量的标准回归系数可直接用于比较其对因变量的相对重要性。

7.2.2　双季稻农户种植面积、产量和农资投入

　　长江下游地区双季稻农户种植面积、产量和农资投入如表 7-3 所示。从表中可以看出，调研农户平均早稻、晚稻和双季稻平均种植面积为 3.3 hm²、3.4 hm² 和 6.7hm²，90% 的稻农双季稻种植面积为小型农场（<2 hm²），其他 10% 拥有相对较大农场（>2 hm²）。产量分别为 6 813.1 kg/hm²、7 508.0 kg/hm² 和 14 321.0 kg/hm²，晚稻产量较早稻产量提高了 10.4%。调研中发现，湖南双季稻种植产量高于江西。农资投入方面，以柴油投入量和氮肥投入量所占比例较大。早稻和晚稻柴油投入量相当，维持在 100~150 kg/hm²；早稻和晚稻年均氮肥投入量保持在 200~300 kg/hm²。研究表明，我国每年氮肥施用总量超过 1.2×10^7 t，相当于世界氮肥总量的 1/3（逯非等，2008）。现阶段，我国水稻生长季农户常规田间氮肥施用量均超过 200 kg/hm²，而某些土壤肥力较差的地区，氮肥施用量甚至达到 300~500 kg/hm²，然而我国水稻氮肥实际利用效率仅为（33 ± 11）% 左右（王效科等，2001），仅仅达到发达国家的一半（60%），每年因为水稻种植中肥料投入而增加一半的碳排放（王效科等，2001）。本研究利用农户调研数据核算作物生产的碳氮足迹，计算过程只考虑了水稻生产中最主要的 10 种农资投入，实现了水稻生产间接碳氮排放在同一标准下较为全面的计算衡量与比较，客观地反映了双季稻生产碳氮足迹在农户不同生产水平和规模之间的异同。但是，目前在计算农田生态系统温室气体排放时众多学者关于是否考虑劳动者工作造成的能源消耗有不同的看法。West 等（2003）认为不管劳动者劳动与否均进行正常的呼吸作用，因此在计算时不考虑劳动者的能源消耗。刘巽浩等（2013）则认为无论发达国家还是不发达国家，人工耗能均是农业生产能源消耗的重要内容之一，不应该忽略不计。李洁静等（2009）在计算稻田碳排放时亦对劳动力进行了核算。

表 7-3 长江下游地区双季稻农户种植面积、产量和农资投入

项目	早稻	晚稻	双季稻
面积	3.3 ± 1.1	3.4 ± 1.2	6.7 ± 2.2
产量	6 813.1 ± 886.1	7 508.0 ± 1 136.9	14 321 ± 1 936.9
农资投入			
柴油	127.4 ± 31.6	122.0 ± 29.6	249.4 ± 56.0
氮肥	250.6 ± 54.0	276.8 ± 63.6	527.4 ± 107.9
磷肥	24.2 ± 11.9	33.1 ± 18.0	57.4 ± 27.2
钾肥	101.8 ± 431	110.9 ± 44.0	212.6 ± 80.3
灌溉	26.2 ± 16.3	35.9 ± 19.8	62 ± 33.7
农膜	7.2 ± 1.5		7.2 ± 1.5
种子	62.8 ± 31.5	46.6 ± 25.9	109.3 ± 46.9
除草剂	0.2 ± 0.1	0.3 ± 0.2	0.5 ± 0.2
杀虫剂	0.5 ± 0.2	0.7 ± 0.4	1.2 ± 0.5
杀菌剂	0.8 ± 0.4	0.8 ± 0.4	1.6 ± 0.7

长江下游地区农资投入双季稻生产的碳排放和氮排放特征如表 7-4 所示。从表中可以看出，早稻农资投入的平均温室气体排放量比晚稻略大一些，双季稻、早稻和晚稻农业投入分别贡献了 2 741.24、1 445.02 和 1 296.22 $kgCO_2$ eq/hm^2 的 CO_2 排放量。其中，柴油投入造成的温室气体排放是农业投入温室气体排放总量中最显著的部分，早稻、晚稻和双季稻所占比例分别为 44.0%、47.0% 和 45.4%。与此同时，早稻生产农业机械操作带来的温室气体排放量高于晚稻，提高了 4.2%。随着我国农业的高速发展，农业机械化及其自动化是我国农业未来发展的方向及目标。因此，如何协调生态环境及经济效益和谐发展是未来研究的重点。继柴油之后，肥料是农资投入温室气体排放的第二大排放源，分别占到总农资投入排放量的为 33.8%、42.4% 和 37.9%。不同形式的合成肥料排放的温室气体表现为氮肥 > 钾肥 > 磷肥。农膜生产所带来的温室气体排在第三位，稍高于种子所产生的碳足迹。而由于农膜可以重复利用，晚稻生产过程中不再产生由农膜而引起的碳足迹。灌溉耗电所带来的温室气体排放量较低，早稻和晚稻分别为 21.47$kgCO_2$ eq/hm^2 和 29.35 $kgCO_2$ eq/hm^2。农药（除草剂、杀虫剂和杀菌剂）排放的温室气体排放量最低，早稻、晚稻和双季稻所占比例分仅分

别为 1.3%、1.8% 和 1.5%。其中，杀虫剂和杀菌剂所占比例较大。早稻农资投入氮排放稍大于晚稻农资氮排放，提高了 11.5%。与温室气体排放类似，柴油消耗的氮排放量也占农业投入总氮排放量的最大比例。其次为化肥投入，所占比例介于 11.7%~15.3%。较低的施肥和农业机械操作显然有利于减少温室气体和活性氮排放。Xue et al.,（2015）研究发现采用保护性耕作（例如，免耕法）可减少柴油消耗，从而减少农业机械作业的温室气体排放量和活性氮排放量。另外，Chen et al.,（2016）在湖南长沙长期氮肥优化试验表明，人工施氮量降低 20%，这可以减少水稻上游生产环节的相关温室气体排放量，并减少稻田直接的活性氮损失。因此，从综合来看，长江下游地区水稻生产应通过采用配方施肥、缓控释肥等技术来提高肥料利用效率，减少肥料使用与排放。再者，恢复冬季绿肥种植，合理用地养地、部分替代化肥。不同形式的合成化肥的氮排放量与温室气体排放的顺序一致。早稻的种子和薄膜的氮排放量也高于晚稻的排放量。由于水稻苗期的温度较低，在早期水稻生产过程中利用了较大的播种量和农膜，以确保良好的出苗率，从而导致了更高的温室气体排放和氮排放。因此，选择抗冻品种是减少种子和薄膜应用数量的有效措施。在水稻生产中，农药使用导致的活性氮排放量及其比重很小，在早期和晚稻产量中所占的比例 1% 左右，然而为防治病虫草害在水稻生产中经常使用过量的农药其购买费用大幅度增加，而过量的使用农药残留在农产品以及周边农田环境中影响农产品质量安全和生态环境安全，因此在水稻生产中亦要控制农药使用。

表 7-4　长江下游地区双季稻生产平均农资投入碳排放和氮排放特征

种类	碳排放（kg CO$_2$ eq/hm^2）			氮排放（gN eq/hm^2）		
	早稻	晚稻	双季稻	早稻	晚稻	双季稻
柴油	635.9 ± 157.9	608.8 ± 147.6	1 244.7 ± 279.6	607.8 ± 151.0	582.0 ± 141.1	1 189.8 ± 267.3
氮肥	383.4 ± 82.6	423.5 ± 97.0	806.9 ± 165.1	77.0 ± 16.6	85.1 ± 19.5	162.1 ± 33.2
磷肥	39.5 ± 19.4	53.9 ± 29.4	93.5 ± 44.4	21.7 ± 10.6	29.6 ± 31.8	51.3 ± 35.6
钾肥	66.2 ± 28.0	72.1 ± 28.6	138.2 ± 52.2	3.0 ± 1.3	3.3 ± 1.3	6.3 ± 2.4
灌溉	21.5 ± 13.4	29.4 ± 16.2	50.8 ± 27.6	19.9 ± 12.4	27.2 ± 15.0	47.1 ± 25.6
农膜	164.4 ± 33.1	—	164.4 ± 33.1	87.0 ± 17.5	—	87.0 ± 17.5

（续表）

种类	碳排放（kg CO₂ eq/hm²）			氮排放（gN eq/hm²）		
	早稻	晚稻	双季稻	早稻	晚稻	双季稻
种子	115.5 ± 57.9	85.7 ± 47.7	201.1 ± 86.3	47.7 ± 23.9	35.4 ± 19.7	83.1 ± 35.6
除草剂	2.0 ± 0.8	3.5 ± 2.1	5.4 ± 2.2	0.9 ± 0.4	1.5 ± 0.9	2.4 ± 1.0
杀虫剂	8.1 ± 3.7	11.4 ± 6.7	19.5 ± 8.2	1.7 ± 0.8	2.4 ± 1.4	4.2 ± 1.7
杀菌剂	8.6 ± 3.9	8.1 ± 3.9	16.6 ± 7.0	5.7 ± 2.6	5.4 ± 2.6	11.1 ± 4.7
总体	1 445.0 ± 201.2	1 296.2 ± 207.8	2 741.2 ± 379.6	872.9 ± 160.8	771.8 ± 157.3	1 644.3 ± 291.7

7.2.3　双季稻生产的碳足迹和氮足迹

图 7-6 显示了基于农户调查的长江下游地区双季稻生产碳足迹和氮足迹。在调研的稻田中，长江下游地区早稻生产单位产量碳足迹值为 0.63 kg CO₂ eq/kg，最大值与最小值分别为 0.88 kg CO₂ eq/kg 和 0.49 kg CO₂ eq/kg；单位生物产量碳足迹值为 0.31 kg CO₂ eq/kg，最大值与最小值分别为 0.44 kg CO₂ eq/kg 和 0.24 kg CO₂ eq/kg；单位产值碳足迹值为 0.25 kg CO₂ eq/CNY，最大值与最小值分别为 0.35 kg CO₂ eq/CNY 和 0.21 kg CO₂ eq/CNY；长江下游地区晚稻生产单位产量碳足迹值、单位生物产量碳足迹值和单位产值碳足迹值与早稻相当。长江下游地区的水稻生产碳足迹较低于全国年均单位产量碳足迹（0.89 kg CO₂ eq/kg）（Cheng et al., 2011）。这可能跟中国各省水稻生产对于农资投入的规模，各结构组分的比例不同有关，例如不同省份对灌溉需求不同，相对于水资源较为匮乏的中国北方稻作区，长江下游地区因其天然优越的气候资源，其对灌溉的需求较小，从而减少了灌溉用电带来的碳足迹。另外，由于长江下游地区优越的地理特征及气候条件，其产量普遍高于其他稻作区，从而导致其单位产量碳足迹较小。不同区域内因其种植制度、农作措施及社会经济的差别，导致该区域内的农作物的碳足迹也会出现显著差异（史磊刚等，2011）。本研究发现，我国长江中下游流域水稻碳足迹显著低于印度（CO₂ eq 0.80 kg/kg）等水稻种植国家，原因主要在于印度的水稻产量相对较低，但农田灌溉的能源成本很高（Pathak et al., 2010），从而导致了较高的温室气体排放。在调研稻田中，早稻平均单位产量氮足迹为 8.37

g N eq/kg，最大值和最小值分别为 13.54 g N eq/kg 和 4.15 g N eq/kg；晚稻氮足迹稍高于早稻，平均、最大和最小氮足迹分别为 8.49、15.90 和 3.59 g N eq /kg。长江下游地区水稻氮足迹显著高于 Xue 和 Landis et al.,（2010）基于 LCA 方法计算的墨西哥谷物生产氮足迹（2.65 g N eq/kg），而 Pierer et al.,（2014）根据投入 – 产出法计算了奥地利谷物氮足迹为 21.9 g N eq/kg，研究结果的差异主要来源于氮足迹计算方法的不同，本研究氮足迹计算未考虑干

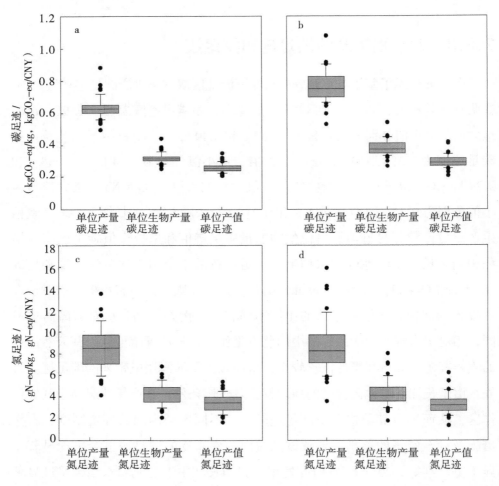

注 a：早稻单位产量、单位生物量、单位产值碳足迹；b：晚稻单位产量、单位生物量、单位产值碳足迹。c：早稻单位产量、单位生物量、单位产值氮足迹；d：晚稻单位产量、单位生物量、单位产值氮足迹。

图 7-6　长江下游地区双季稻生产碳足迹和氮足迹

湿沉降、生物固氮、灌溉等环境氮输入。此外，谷物生产过程中氮素排放和淋失的差异也是活性氮排放差异的一个主要原因。

7.2.4 双季稻产量与碳氮足迹的关系

图 7-7 显示了长江下游地区双季稻产量与单位面积碳氮足迹之间存在显著的正相关性关系，随着双季稻产量的增加其单位面积碳足迹和氮足迹也呈现出显著增加的趋势。具体为早稻每公顷产量增加 1 kg，其单位面积碳足迹和氮足迹分别增加 0.50 kg CO_2 eq/hm^2（趋势线方程为 y=5.377x+3 991.2，R^2=0.75，$P = 0.000\ 3$）和 6.79 g N eq/hm^2（R^2=0.60；$P = 0.000\ 4$）。晚稻每公顷产量增加 1 kg，其单位面积碳足迹和氮足迹分别增加 0.50 kg CO_2 eq/hm^2（R^2=0.75，$P = 0.000\ 3$）和 6.79 g N eq/hm^2（R^2=0.60；$P = 0.000\ 4$）。

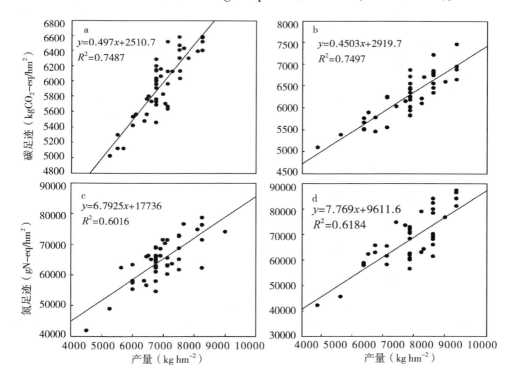

注 a：早稻碳足迹与产量关系；b：晚稻碳足迹与产量关系。c：早稻氮足迹与产量关系；d：晚稻氮足迹与产量关系。

图 7-7 长江下游地区双季稻生产碳足迹和氮足迹影响因素解析

7.2.5　双季稻种植规模对碳氮足迹的影响

不同种植规模的双季稻生产碳足迹和氮足迹情况见表 7-5。由表可知，早稻和晚稻碳足迹、氮足迹与种植规模呈显著的负相关性，即碳氮足迹随着种植规模的增大而呈下降趋势。进一步将种植规模分为一般家庭承包户（0~150 hm²）、规模经营家庭（450~1500 hm²）和承包大户（>4500 hm²）三种类型进行研究，早稻单位产量碳足迹分别为 0.74 kg CO_2 eq/kg、0.63 kg CO_2 eq/kg、0.52 kg CO_2 eq/kg，氮足迹分别为 11.67gN eq/kg、8.88 gN eq/kg 和 6.42 gN eq/kg。而晚稻相应的碳足迹分别为 0.86 kg CO_2 eq/kg、0.62 kg CO_2 eq/kg 和 0.54 kg CO_2 eq/kg，氮足迹分别为 12.40 gN eq/kg、10.46 gN eq/kg 和 7.04 gN eq/kg，不同种植规模之间存在显著差异（$P<0.05$）。比较同种规模等级发现，早稻和晚稻碳足迹大小相近，而氮足迹相差较大，晚稻氮足迹较早稻提高了 6.3%~17.8%，其中小规模差距较大。该研究结果和 Lal et al.（2004）的类似。主要原因在于土地种植规模大的农户的农田管理水平普遍较高，能更加有效地控制各农资产品成本和施用量，从而提高水肥等利用效率。黄俊等（2016）进一步提出种植规模对农户化肥施用有负向影响，增加土地流转，需促进土地向一部分农户集中以减少单位面积上化肥的施用。Feng et al.（2011）的研究报告指出，大规模种植农场（>0.7 hm²）有利于提高表层土壤有机碳储量，比小规模农场提高了近 30%，最终提高了作物产量，从而降低了作物单位产量碳足迹和氮足迹。Sefeedpari et al.（2013）从另外一个角度得出相同结论，不同规模的农场其总投入能量不同，研究表明 1~4 hm²、4~10 hm² 和 >10 hm² 农场的总能量投入较 <1 hm² 的分别降低了 17%、21% 和 34%。因此，加强农场规模化经营，减少额外农作技术投入，避免多余能耗损失，可以促进我国农作物低碳绿色生产。

表 7-5　长江下游地区双季稻不同种植规模碳足迹投入及构成

类型	作物	种植规模		
		大规模	中规模	小规模
碳足迹（kgCO$_2$ eq/kg）	早稻	0.52c	0.63b	0.74a
	晚稻	0.54c	0.62b	0.86a
	双季稻	0.53c	0.62b	0.80a
氮足迹（gN eq/kg）	早稻	6.42c	8.88b	11.67a
	晚稻	7.04c	10.46b	12.40a
	双季稻	6.73c	9.67b	12.04a

注：不同小写字母表示不同种植规模间的差异显著水平（$P<0.05$）。大规模指代水稻承包大户（>4 500 hm^2），中规模指代规模经营家庭（450~1 500 hm^2），小规模指代一般家庭承包户（0~150 hm^2）。

7.3　浙江云和梯田土壤有机碳密度分布及其影响因素

　　土壤有机碳（SOC）是全球碳循环中重要的碳库，在土壤生产力和全球碳循环中起着重要作用（展茗等，2010）。土壤有机碳库的动态平衡会影响到土壤质量、生产能力，严重时会影响水质，并可能因全球变暖而加剧碳库减少（Lal，2004）。土壤有机碳积累受自然植被、气候、土壤类型、土壤利用方法、以及农田管理措施的影响（王绍强和刘纪远，2002），其中，人为干扰是农田土壤有机碳储量变化的重要因素。人类活动引起的土地利用变化可以改变土壤有机物的输入与输出，又可通过对小气候和土壤条件的改变来影响土壤有机碳的分解速率，从而改变土壤有机碳储量（王绍强等，2000）。不合理的农业管理措施和土地利用方式必然对土壤质量和农业可持续发展产生影响（孙维侠等，2004；Olesen and Bindi，2002），因此，研究农田生态系统条件下土壤有机碳的变化，对正确评价土壤肥力水平，制定合理可行的、促进农业可持续发展的管理措施具有重要实践意义。目前，国内外关于农田土壤有机碳的空间分布研究主要集中在生态系统（张永强等，2006）、全球（Post et al., 1990）、国家（王绍强等，2000）、区域（徐香兰等，2003）、气候带（王淑平等，2003）、田块（吴家梅等，2010）等尺度上，而对海拔跨度较大的梯田地区土壤有机碳的空间分布的研究还比较少（唐国勇等，2010），其影响土壤有机碳分布的关键因素尚不清楚，严重制约了我国梯田土地生产力的提升。因此，开展对梯田地区土壤有机碳分布及影响因素的研究，对提高丘陵山区的土壤的固碳能力具有重要现实指导意义。

梯田是我国重要的耕地资源。据统计，坡度大于 8° 的坡耕地面积为 $3\,334 \times 10^4\,hm^2$，约占全国耕地总面积的 35.11%。东南、华南和西南丘陵山区梯田是我国南方地区重要的耕地资源，面积约为 $1\,669.2 \times 10^4\,hm^2$，占全国丘陵山区总面积的 43.1%，全国耕地面积的 17.6%（张超超和黄仁，1999）。梯田对维持生态脆弱区粮食、生态及社会安定具有十分重要的意义。本节从分析梯田土壤有机碳的空间分布入手，探析制约该地区有机碳分布的因素，旨在为科学利用和保护梯田资源、提高土地生产力提供现实依据。

7.3.1 采样与分析方法

1. 研究区概况

浙江省云和县位于东经 119° 21′ ~119° 44′，北纬 27° 53′ ~28° 09′。东邻莲都区，西倚龙泉市，南连景宁畲族自治县，北接松阳县；属于中亚热带季风气候，温暖湿润，四季分明，雨量充沛，常年平均气温 17.6 ℃，年平均降水量 1 465~1 969 mm，无霜期 240 d，日照时数为 1 774.4 h；境内以高丘及低、中山为主，地势自西南向东北倾斜；主要土壤类型有红壤、黄壤、紫色土、粗骨土和水稻土等；红壤广泛分布于海拔 800 m 左右的山地，黄壤分布于海拔 700~800 m 以上的山地，紫色土、粗骨土呈斑状分布，水稻土则分布在各山谷、河谷、小盆地。云和县小气候发达，农业分布呈现明显的山地立体性和多层次、多品种的立体性特点。

2. 数据获取

根据云和县土壤类型和土地利用类型的分布，选择典型区域进行采样。采样时间为 2009 年 10 月—2010 年 1 月；采样区域为全县农业用地，主要土地利用类型包括水田、旱地和果园和茶园 4 大类型，其中，水田主要为单季稻，旱地以种植旱粮和蔬菜为主，果园以种植雪梨为主。采用 GPS 定位采样，采集 0~20 cm 土壤表层样本，共 550 个样本，其中，水田样本 342 个，蔬菜样本 78 个，园地样本 130 个。采用环刀取样，测定土壤容重，并用取土器取耕层土样带回实验室分析，分析时间为 2010 年 4—8 月。主要分析项目为土壤有机质、全氮、碱解氮、有效磷、速效钾，pH 值等（鲁如坤，2000）。

3. 土壤有机碳密度计算方法

土壤有机碳密度是反映土壤固持有机碳能力的一个重要指标，其大小与土壤容重和有机碳含量密切相关，表层（0~20 cm）土壤碳密度的计算公式（史利江等，2010）为：

$$SOC_i = B_i C_i H_i \tag{7-15}$$

式中：SOC_i 为地类 i 的表层土壤碳密度；B_i 为土壤容重（g/cm^3）；C_i 为地类 i 的土壤有机碳含量；H_i 为土壤厚度（>2 mm 砾石的含量忽略不计）。由于土壤有机碳含量大致是有机质含量的 55%~65%，因此国际上采用 0.58 作为碳含量转换系数（许泉等，2006）。结合公式（1），本研究土壤碳密度的计算公式为：

$$SOC_i = 0.58 B_i O_i H_i \tag{7-16}$$

式中：O_i 为地类 i 的土壤有机质含量。

4. 数据处理

采用 Excel 和 SPSS 11.5 对试验数据进行统计分析。

7.3.2 土壤有机碳密度分布特征

研究区域土壤类型以水稻土为主，对各土属的土壤有机碳密度分析（表7-6）显示，研究区域耕层土壤有机碳密度平均为 4.14 kg/m^2，变异系数为 36.2%，正态分布检验结果显示，梯田土壤有机碳密度呈正偏态分布。农田和非农田耕层土壤有机碳密度分别平均为 4.12kg/m^2，4.23 kg/m^2，变异系数分别为 35.4% 和 38.6%。从不同土属的有机碳密度分布看，有机碳密度较高的有培泥沙田（5.01 kg/m^2）、黄泥沙（4.57 kg/m^2）黄泥田（4.26 kg/m^2）和山地黄泥沙田（4.15 kg/m^2），代表面积分别为本次调查总面积（5 875.9

hm²) 的 1.68％，18.65％，31.62％ 和 15.51％；有机碳密度较低的主要分布在棕黏土和石砂土，代表面积较小。

表 7-6　梯田土壤有机碳密度特征

土属	有机碳密度 / (kg/m^{-2})	代表面积 /hm²
培泥沙	5.01	98.67
黄泥沙	4.57	1 095.67
黄泥田	4.26	1 857.99
山地黄泥砂田	4.15	911.33
洪积泥	3.93	832.00
泥沙田	3.74	563.60
黄泥土	3.65	72.33
白沙田	3.32	250.67
紫红泥砂田	3.24	158.67
棕黏土	2.79	20.67
石砂土	2.32	14.33

7.3.3　地形对梯田土壤有机碳密度影响

梯田地区影响土壤有机碳密度分布的因子主要有坡度、坡向和海拔，其中，坡度和坡向与土壤有机碳密度呈显著相关（$P<0.05$）；海拔高度与土壤有机碳密度在 10％ 水平上呈显著相关（$P<0.10$）；从回归系数看，坡度对土壤有机碳密度的影响最大，其次为坡向，影响最小的为海拔高度，且为负相关（表 7-7）。综上，坡度、坡向和海拔高度是梯田地区土壤有机碳密度变化的主要影响因子，同时，与海拔高度关系密切的热量因子（如积温）也呈显著相关。

表 7-7　梯田土壤有机碳密度影响因素多元线性回归模型

预测变量	回归系数	标准误差	t	P
常量	3.702 6	0.204 0	18.149 1	0.000 0
坡度	0.156 8	0.064 9	2.415 2	0.016 1
坡向	0.153 7	0.070 0	2.195 0	0.028 6
海拔	−0.121 3	0.070 2	−1.728 2	0.084 5

　　海拔对梯田土壤有机碳密度影响　根据研究区域地形及样本量分布，结合等高线，可以将海拔划分为 <200 m、200~400 m、400~800 m、>800 m。表 7–8 显示，200~400 m 和 400~800 m 海拔的土壤有机碳密度较高，平均为 4.38 kg/m²，其次为 <200 m 海拔区域，土壤有机碳密度为 4.03 kg/m²，最低的为 >800 m 海拔区域，其土壤有机碳密度为 3.80 kg/m²，为 200~800 m 海拔区域土壤有机碳密度的 86.5%。方差分析结果表明，200~400 m，400~800 m 高程的土壤有机碳密度与 >800 m 的土壤有机碳密度差异达到显著水平，变异系数为 33.7%~39.1%，属于中等程度变异。

　　坡度对梯田土壤有机碳密度影响　耕地坡度分级是反映耕地地表形态、耕地质量、生产条件、水土流失的重要指标之一。根据第 2 次土壤普查标准（国务院第二次全国土地调查领导小组办公室，2007），耕地可分为 5 个坡度级：≤ 2° 的为 I 级，2° ~6° 的为 II 级，6° ~15° 的为 III 级，15° ~25° 的为 IV 级，>25° 的为 V 级，坡度级上含下不含。

　　研究结果显示，不同坡度等级下土壤有机碳密度呈一定的差异，坡度为 2° ~6° 区域的土壤有机碳密度最高，为 4.77 kg/m²，其次为 6° ~15° 和 15° ~25° 区域，土壤有机碳密度分别为 4.29 kg/m² 和 4.18 kg/m²，>25° 区域土壤有机碳密度最低，仅为 3.48 kg/m²。方差分析结果表明，2° ~6° 区域的土壤有机碳密度显著高于 25° 以上区域的，其他坡度级的土壤有机碳密度差异不显著。各坡度下土壤有机碳密度变异系数在 29%~42.4%，略高于该区域土壤有机碳密度总体变异水平。

　　坡向对梯田土壤有机碳密度影响　坡向在一定程度上影响土壤有机碳分布。研究结果表明，北坡和南坡的土壤有机碳密度较高，平均为 4.52 kg/m²，东坡土壤有机碳密度略低，为 4.13 kg/m²，西坡土壤有机碳密度最低，为 3.98 kg/m²。方差分析显示，北坡南坡土壤有机碳密度显著高于西坡，东坡土壤有机碳密度与各坡向差异不显著。各坡向土壤有机碳密度的变异系数为 34.7%~36.4%，与该区域土壤有机碳密度总体变异相当。

稻田生态服务功能及生态补偿机制研究

表 7-8　地形对土壤有机碳密度的影响

地形	等级	采样数	平均值 /（kg/m²）	标准差	变异系数（%）
海拔 /m	<200	219	4.025 2ab	1.354 6	33.7
	200~400	169	4.356 0a	1.701 5	39.1
	400~800	76	4.410 9a	1.484 5	33.7
	>800	86	3.796 6b	1.366 8	36.0
坡度 /（°）	<2	210	3.873 1ab	1.266 0	32.7
	2~6	43	4.773 1a	2.024 1	42.4
	6~15	202	4.294 2ab	1.567 4	36.5
	15~25	90	4.177 6ab	1.471 6	35.2
	>25	5	3.481 0b	1.011 2	29.0
坡向	东	137	4.130 1ab	1.432 2	34.7
	南	64	4.508 9a	1.637 6	36.3
	西	283	3.976 4b	1.446 9	36.4
	北	66	4.540 6a	1.625 6	35.8

注：不同字母表示土壤有机碳密度在 5% 水平差异显著。下同。

7.3.4　土地利用方式对梯田土壤有机碳密度的影响

土壤有机碳密度除受地形因素影响外，很大程度上与耕作制度和施肥状况及管理方式密切相关（孙文义等，2010；尤孟阳等，2010）。图 7-8 显示，土地利用方式对梯田土壤有机碳密度影响存在显著差异，除水田有机碳密度和果园差异不显著外，茶园的有机碳密度与旱地的呈显著差异。茶园土壤有机碳密度最高，平均为 5.29 kg/m²，分别是旱地、水田和果园有机碳密度的 1.58、1.39、1.18 倍，旱地有机碳密度最低，平均为 3.34 kg/m²。据此可以判断，受人为干扰强烈的农田系统存储有机碳能力低于林地系统。从不同土地利用方式下土壤有机碳密度的频度分布（图 7-9）看，4 种土地利用方式土壤有机碳密度均主要分布在 2~4 kg/m² 区间，且分布频率均有向高值区演变的趋势，但是，有机碳密度分布在区间 >8 kg/m² 的仅有水田和果园。从不同土地利用方式看，旱地在 2~4 kg/m² 区间发生频率最高，为 65.38%，向高值演变的趋势减弱，其他依次为果园（60.98 kg/m²）、水田（51.46 kg/m²）和旱地（41.67 kg/m²）；在 4~6 kg/m² 区间，茶园和水田分布频度较高，分别

156

为 37.5% 和 35.67%；在 6~8 kg/m² 区间，茶园分布频度最高，为 14.58 kg/m²；水田在高值区（>10 kg/m²）有一定分布，但是频度较小，仅为 0.58%。从总体上看，受人为干扰较大的水田土壤有机碳密度频度分布范围较广，但主要分布于低值区，这说明在水稻生产过程中，受田间管理方式、水田地形、温光条件等因素的影响较大，导致水田土壤有机碳密度差异较大。

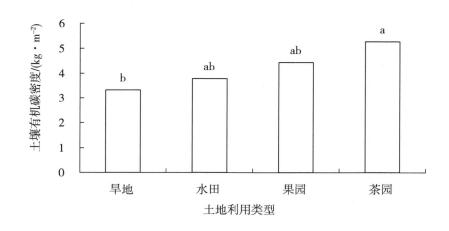

图 7-8 不同土地利用方式下梯田土壤有机碳密度

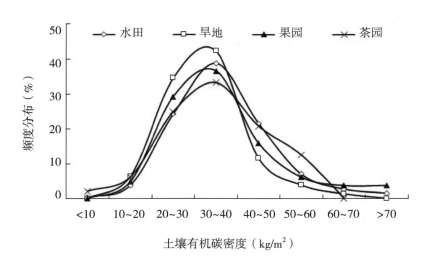

图 7-9 不同土地利用方式下梯田土壤有机碳密度频度分布

7.3.5　土壤理化性状对梯田土壤有机碳密度的影响

土壤有机碳密度除了受地形、土地利用方式等因素影响外，还受速效钾、碱解氮等土壤化学性质影响（许信旺等，2009）。对不同土地利用方式下土壤有机碳密度与土壤化学性状的相关性分析结果（表7-9）显示，不同土地利用方式下土壤有机碳密度与土壤化学性状的相关性存在差异，水稻田土壤有机碳密度与土壤中碱解氮、速效磷和速效钾呈显著正相关，其中，速效磷与水稻田土壤有机碳密度相关度最高，相关系数为0.25，其次，碱解氮和速效钾与土壤有机碳密度相关系数分别为0.14和0.12，缓效钾与水稻田土壤有机碳密度呈显著负相关，相关系数为-0.18；旱地土壤有机碳密度与速效磷和速效钾含量呈显著正相关，相关系数分别为0.27和0.24；果园有机碳密度与碱解氮含量相关性达到极显著水平，相关系数为0.34，与速效钾含量呈显著相关；而茶园有机碳含量仅与碱解氮含量呈极显著相关，相关系数（0.4）较大，与其他土壤化学性状相关性分析均未达到显著水平。从以上分析可知，水稻田土壤有机碳密度受土壤化学性状影响较大，即水稻田土壤有机碳密度受到更多其他因素如农业管理活动的影响，茶园受其他因素影响较小。

表7-9　不同土地利用方式下土壤有机碳密度与土壤化学性状的相关系数

土地利用类型	碱解氮	速效磷	速效钾	缓效钾
水稻田	0.14**	0.25**	0.12*	-0.18**
旱地	-0.10	0.27*	0.24*	0.03
果园	0.34**	0.04	0.23*	-0.18
茶园	0.40**	0.20	-0.18	-0.11

注：** 表示相关性达到极显著（$P<0.01$）；* 表示相关性达到显著水平（$P<0.05$）。

7.3.6　梯田土壤有机碳密度分布特征及其影响因素分析

梯田土壤有机碳密度受地形、土地利用方式、土壤性质等因素影响。地形因素中以坡度的影响最大，其中，2°~6°坡级的土壤有机碳密度最大，为

4.77 kg/m²；坡向与海拔次之，以南坡和北坡、海拔高度在 200~800 m 区域梯田土壤有机碳密度最大，平均密度分别为 4.52，4.38 kg/m²。土地利用方式对梯田土壤有机碳密度的影响表现为茶园 > 果园 > 水稻田 > 旱地，4 种利用方式下土壤有机碳密度均主要分布在 2~4 kg/m²，分布频率均有向高值区演变的趋势，在 4~6 kg/m² 区间，茶园和水稻田分布频度较高，分别为 37.5% 和 35.67%，在 6~8 kg/m² 区间，茶园分布频度最高，>10 kg/m² 的高值区仅水稻田有一定分布，可见，水稻田受农田管理措施的影响最大。土壤化学性状对土壤有机碳的影响以水稻田表现最大，碱解氮、速效磷、钾、缓效钾均对水稻有机碳密度产生显著影响，再一次验证了田间管理措施，特别是施肥措施对水稻田的影响较大。以上研究结果表明，根据不同梯级、坡向的土壤肥力分布特点制定合理的田间管理措施能有效地提高土壤有机碳含量，提高投入品的利用效率和耕地的可持续利用能力。

7.4 云南元阳梯形稻田土壤碳氮空间分布及其影响因素

土壤有机碳和全氮（soil total nitrogen，TN）是影响土壤肥力的重要因子，在土壤生产力、环境保护和农业可持续发展等方面起着重要作用（杜满义等，2010）。作为农业系统的重要土壤组分（Han et al., 2010），SOC 在缓解全球气候变暖，减轻土地退化、提高土壤生产力、保障粮食安全等方面发挥重要作用（Wang et al., 2009；展茗等，2010；Lal，2004）；氮素也是土壤重要元素之一，是作物生长季内吸收氮的重要来源（沈其荣，2007），与作物光合作用（沈其荣，2007）和呼吸作用（Reich et al., 1998）密切相关，且土壤中亚硝态氮积累会造成环境污染（沈其荣，2007）。因此，分析土壤碳氮空间分布特征是土壤质量、生态环境评价的重要内容。近年来，关于农田土壤碳氮分布的研究主要集中在平原、盆地、高原、低海拔丘陵地区（Wei, et al., 2008；张建杰等，2010；Han et al., 2010；Zhang et al., 2011；吕国红等，2010），对土壤碳氮影响因素的研究多集中在地形地貌、气象因子、施肥状况、土壤化学性状、土地利用方式等单因素或其中几种（Wei, et al.,

2008；吕国红等，2010；李小涵，2008；张建杰等，2009），对山地区农田土壤碳氮空间分布的研究比较少，关键影响因素不清，制约我国丘陵山区农田土壤综合生产力的提高。

梯田是我国丘陵山区的主要土壤利用类型，广泛分布于东北、东南、华南、西南丘陵山区以及黄土高原区和秦巴山区，其中，东南、华南和西南丘陵山区耕地面积约为 $1\,669.2 \times 10^4\,hm^2$，占全国丘陵山区总面积的43.1%，全国耕地面积的17.6%（张超超和黄仁，1999）。因此，研究梯田土壤碳氮空间分布及其影响因素对解析该区域耕地资源肥力变化、提高粮食安全具有现实意义。西南地区是我国粮食产销平衡区，提高土地生产力是维系区域粮食安全的重要手段。同时，梯田作为一种特殊的耕地资源，除可保证粮食安全外，对维持生态脆弱区生态安全及社会安全也具有十分重要的意义。本研究从分析梯田土壤碳氮的空间分布入手，探析制约该地区土壤养分分布的因素，旨在为科学利用和保护梯田资源，提高土地生产力提供现实依据。

7.4.1 采样与分析方法

1. 研究区域概况

云南省元阳县位于云南省南部、哀牢山脉南段，红河州西南部、红河南岸，地处东经 102°27′~103°13′，北纬 22°49′~23°19′。属亚热带山地季风气候类型，具有"一山分四季，隔里不同天"的立体气候特点。年平均气温16.4℃，年降水量665.7~1 189.1mm，年均日照1 770.2h，年无霜日363d。土地全部为山地，最低海拔144m，最高海拔2 939.6m，主要分布着燥红壤、砖红壤、紫色土、赤红壤、红壤、黄壤、黄棕壤和棕壤等。梯田内分布着发育比较成熟的水稻土，主要有红泥田、山砂田、胶泥田、鸡粪土田等19个土种。受人类影响和干扰较大。

2. 数据来源及处理

根据元阳县土壤类型和水稻田的分布、施肥水平等，选择典型区域进行采样。采样时间为2009年12月—2010年3月；采样区域为全县水稻田。采用GPS定位采样，每6.67~13.33hm²采集一个混合土样，按"S"法取样，采集 0~20cm 的土壤表层样本，共计 672 个样本，样本点分布如图 7-10 所示。将采取的耕层土样带回实验室分析，分析时间为 2010 年 4—8 月。主要分析项目为土壤有机质、全氮、碱解氮、有效磷、速效钾、pH 值等。施肥数据来源于农户调查，调查时间为 2009 年 12 月至 2010 年 3 月。采用入户调查形式。

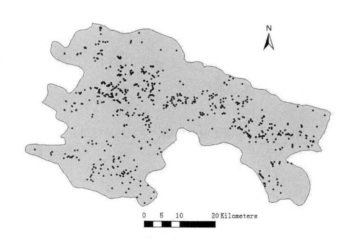

图 7-10　土壤采样点分布

SOC 含量计算依据测定的土壤有机质含量，采用国际上通用的 0.58 作为碳含量转换系数（Soil Survey Staff，1993）换算得到。

利用 SPSS11.0 对土壤 TN 和 SOC 含量进行常规统计分析；用 ArcMap9.3 软件的地统计（geostatistical analysis）扩展模块完成 SOC 和 TN 含量的地统计分析和 Kriging 空间插值分析，Kriging 空间插值分析均为普通 Kriging 插值分析法。采用 ArcMap9.3 软件绘制样点分布图和养分空间分布图。

7.4.2　梯田土壤有机碳与全氮描述统计

对元阳县主要土种的土壤碳氮分析结果显示（表 7-10），研究区域内水田 SOC、TN 平均含量分别为 21.38 g/kg 和 1.65 g/kg，研究区域水田表层 SOC 平均含量与全国（16.70 g/kg）（许泉等，2006）、西南地区（17.75 ± 9.60 g/kg）相比较高，TN 平均含量比全国平均水平（1.60 g/kg）高（程琨等，2009），比西南地区（1.70 g/kg）略低（许泉等，2006）。元阳县SOC 含量最大值 56.14g/kg，最小值 4.99g/kg，TN 含量最大值 4.03 g/kg，最小值 0.21 g/kg，各养分含量变化较大。SOC 和 TN 含量均呈右偏态分布。本研究 SOC 含量和 TN 含量的变异系数分别为 36.90% 和 32.95%，属于中等程度变异。

经相关性分析得出 SOC 和 TN 呈极显著正相关，相关系数为 0.6。表明SOC 和 TN 之间具有很强的依赖性。

表 7-10　表层土壤有机碳、全氮的描述性分析

	样本数	最小值（g/kg）	最大值（g/kg）	均值（g/kg）	标准差（g/kg）	偏度	峰度	变异系数	相关系数（SOC 与 TN）
SOC	672	4.99	56.14	21.38	7.89	0.72	1.09	0.37	0.60**
TN	672	0.21	4.03	1.65	0.54	0.83	1.68	0.33	

注：** 表示相关性达到极显著水平（$P<0.01$），* 表示相关性达到显著水平（$P<0.05$）。下表同。

7.4.3　梯田土壤有机碳与全氮空间格局

1. 梯形稻田土壤有机碳、全氮空间变异分析

在地统计学中，半方差函数的计算要求数据符合正态分布，或近似正态分布。本研究运用 ArcMap9.3 对样本数据的正态分布进行了检验，SOC 含量和 TN 含量均近似符合正态分布。其半方差模型及其拟合参数见表 7-11。

表 7-11 中 Nugget 为块金值，表示由随机因素引起的空间异质性；Sill为基台值；R^2 为决定系数。本研究中半方差函数模型的决定系数均在 0.90以上，说明模型的拟合度较好。

土壤异质性是由结构性因素和随机因素共同作用的结果，结构性因素包括气候、母质、地形、土壤类型等，它们可能导致土壤养分及其他土壤性状

具有强空间自相关；随机因素包括施肥、耕作措施、种植制度等人为活动则可能使土壤理化性状的空间相关性减弱，并朝一致性方向发展（薛志婧等，2011）。

表 7-11 中块金值 / 基台值表示由随机因素引起的异质性占总的空间异质性的比例。比值 <25% 时空间相关性强；比值在 25%~75% 时，空间相关性中等；>75% 时，空间相关性弱（Cambardella et al., 1994）。本研究中 SOC 和土壤 TN 的比值均在 25%~75%，表明具有中等程度的空间相关性，说明梯形稻田 SOC 和 TN 空间变异可能受内在因素控制，如地形、气候、土壤类型等；同时，也受随机因素的影响，如施肥、耕作措施等。

表 7-11　半方差函数模型及参数

项目	模型	块金值	基台值	块金值 / 基台值	R^2
SOC	球型	44.00	66.00	0.67	0.98
TN	球型	0.24	0.34	0.71	0.99

2. 梯形稻田土壤有机碳、全氮空间分布特征

在选取最优半方差函数模型及其参数的基础上，采用普通 Kriging 插值法进行最优插值，运用 ArcMap9.3 软件输出梯田表土 SOC 和 TN 含量空间分布图（图 7-11）。一般认为 Kriging 空间插值的标准化均方根预测误差越接近 1 的模型为最优。本研究 SOC 和 TN 预测模型的交叉验证结果表明，预测误差的均值、预测误差的均方根、平均预测标准差、平均标准差都比较小，标准化均方根预测误差分别为 0.977 5 和 0.991 8，说明预测的精度比较高。因此，梯形稻田 SOC、TN 含量空间插值的结果比较可靠。

从 SOC 的空间分布图可以看出，SOC 含量斑块状分布格局。高值分布在中部和东南部，将 SOC 含量分布图与地形地貌图叠加后，发现 SOC 的空间变异与地貌的关系密切，海拔较高区域 SOC 含量较高，海拔较低区域 SOC 含量较低。TN 含量呈条带状分布格局。高值分布在东南部，北部和西南地区 TN 含量较低，与 SOC 分布具有强的相关性，且 TN 含量高值分布区域高于 SOC 空间分布，可能是受到施肥等因素的影响。

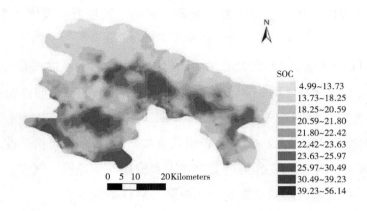

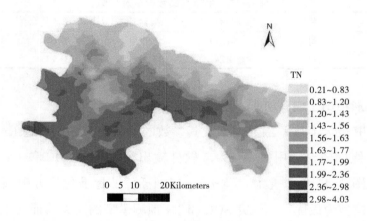

图 7-11　梯形稻田土壤有机碳、全氮空间分布格局

7.4.4　梯田土壤碳氮的影响因素分析

1. 海拔对表层土壤碳氮的影响

根据研究区域地形及样本量分布，结合等高线，可以将海拔划分为 200~500 m、500~800 m、800~1 100 m、1 100~1 400 m、1 400~1 700 m、>1 700 m（图 7-12）。

方差分析结果显示，不同海拔下 SOC 含量差异达到显著水平，其中，海拔 1 700 m 以上的表层 SOC 含量最高，为 25.14 g/kg，200~500 m 最低，为 12.71g/kg，是 >1 700 m 区域 SOC 含量的 0.51 倍；变异系数在 28.50%~38.86% 之间，最大变异与研究区域 SOC 的总体变异相当。梯田表层 SOC 含量与海拔总体关系表现为 SOC 含量随着海拔高度的增加而升高，这与其他研究结果不尽一致（唐国勇等，2010；周焱等，2008；王书伟等，2010），这可能与研究区域的成土条件、地理因子、植被类型、土地管理方式等各异有关。不同海拔土壤 TN 含量差异显著，以海拔 800 m 为界土壤 TN 含量差异显著，<800 m 土壤 TN 含量平均为 1.25 g/kg，>800 m 土壤 TN 含量平均为 1.7g/kg，是 <800m 土壤 TN 含量的 1.37 倍；变异系数在 26.32%~35.40% 之间，最大变异与该区域土壤 TN 的总体变异相当。梯田表层土壤 TN 含量也随着海拔的增加而升高。SOC 和 TN 含量较高的区域位于海拔 1 000 m 以上区域，这可能是由于高海拔地区平均气温较低，有机质分解速度缓慢，有利于有机质和氮素的积累。分析结果与空间插值结果基本一致。

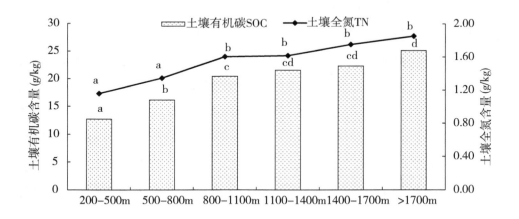

图 7-12　海拔对表层土壤碳氮的影响

2. 坡度对土壤碳氮分布的影响

耕地坡度分级是反映耕地地表形态、耕地质量、生产条件、水土流失的重要指标之一。根据第二次土壤普查标准，耕地可分为五个坡度级，即≤2°的为Ⅰ级、2°~6°的为Ⅱ级、6°~15°的为Ⅲ级、15°~25°的为Ⅳ级、>25°的为Ⅴ级，坡度级上含下不含。

研究结果显示（表7-12），不同坡度等级下SOC有一定差异，随着坡度级的增加SOC含量呈增加趋势，其中，Ⅲ级SOC含量最大，达到22.56 g/kg，Ⅳ级坡度SOC含量其次，为22.50 g/kg，Ⅰ级、Ⅱ级坡度SOC含量分别21.91 g/kg和20.63 g/kg。方差分析结果显示，各坡级间SOC含量差异均未达到显著水平。各坡级SOC含量的变异系数在34.36%~46.87%之间，与研究区域SOC含量总体变异（37.03%）相当。土壤TN含量与坡级间存在显著差异，其中，Ⅰ级坡度土壤TN含量最大，为1.75 g/kg，其次，为Ⅲ级和Ⅱ级，均为1.65 g/kg，土壤TN含量最低的为Ⅳ级，仅1.45 g/kg。方差分析结果表明，Ⅲ级和Ⅱ级的土壤TN含量差异不显著，但Ⅰ级土壤TN含量显著高于Ⅳ级。坡度较大区域SOC和土壤TN含量均较低，可能是由于坡度加大增加了土壤流失的概率，再加上粗放式田间管理模式，导致坡度较大的区域碳氮含量较低。

3. 坡向对土壤碳氮的影响

坡向在一定程度上会影响土壤碳氮分布。研究结果表明，梯形稻田表层SOC含量北部最高，西南方向含量最低。各方向平均表层SOC含量西部、东部、南部、东北、东南、西北、西南分别为北部的99.54%、96.54%、96.00%、95.23%、93.03%、89.39%和87.03%。方差分析结果显示，不同坡向间SOC含量不存在显著差异。从不同坡向的表层土壤TN分布情况看，北部的土壤TN含量最高，达到1.78 g/kg，其次为东部、南部、西部、东北，TN含量均值1.60 g/kg以上，西南和东南西北方向土壤TN含量分别为1.57g/kg和1.55 g/kg，土壤TN含量最低的为西北方向，仅有1.49g/kg。方差分析结果表明，除了北部与西北方向TN含量存在显著差异外，其他方向TN含量均未达到显著水平。变异系数在27.59%~35.69%之间，与研究区域土壤TN含量总体变异相当。

表 7-12　地形因子对表层土壤碳氮的影响

		土壤有机碳			土壤全氮	
	等级	样本数	平均值（g/kg）	变异系数	平均值（g/kg）	变异系数
坡度	<2°	35	21.91a	0.38	1.75b	0.37
	2°~6°	398	20.63a	0.34	1.65ab	0.32
	6°~15°	201	22.56a	0.38	1.65ab	0.32
	15°~25°	38	22.50a	0.47	1.45a	0.38
坡向	西南	62	19.56a	8.64	1.58ab	0.35
	西北	86	20.08a	8.22	1.49a	0.28
	东南	48	20.90a	6.80	1.55ab	0.28
	东北	84	21.39a	8.51	1.62ab	0.35
	南	136	21.56a	7.78	1.65ab	0.32
	东	67	21.68a	6.86	1.70ab	0.36
	西	40	22.36a	9.25	1.63ab	0.34
	北	149	22.46a	7.38	1.78b	0.32

4. 田间管理对表层土壤碳氮的影响

空间插值结果表明，本研究中随机因素对梯田土壤 SOC 和 TN 含量有一定影响。有研究表明，不同管理方式、施肥模式等影响土壤碳氮积累（陈丽莎等，2010；徐尚启等，2011）。如图 7-13 所示，不同肥料投入水平下梯形稻田 SOC 含量的有一定差异，不施肥地区 SOC 含量最高，为 26.11 g/kg，其次为施肥成本在 1 620 yuan/hm^2 以上的区域，施肥水平不足全国平均的区域，随着施肥量的增加 SOC 含量呈减少趋势。方差分析结果显示，不施肥地区 SOC 含量显著高于施肥成本为 555~1 080 yuan/hm^2 和 1 095~1 620 yuan/hm^2 的区域；施肥成本在 1 620 yuan/hm^2 以上，显著高于 1095~1620 yuan/hm^2 区域，其他区域 SOC 含量差异不显著。不同施肥成本对土壤 TN 含量有一定影响，施肥成本在 1 620 yuan/hm^2 以上的区域 TN 含量最高，为 1.83 g/kg，其次为不施肥区域，为 1.72 g/kg，其他三个水平随着施肥成本的增加土壤 TN 含量呈减少趋势。方差分析结果显示，不同施肥成本对土壤 TN 含量影响不显著（图 7-13）。

关于 SOC 和 TN 空间分布及其影响因素等方面进行了很多研究。唐国勇

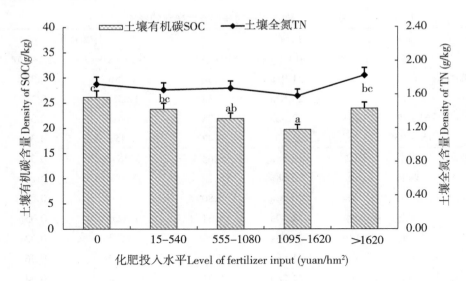

图 7-13　不同化肥投入水平下梯田表层土壤碳氮分布

等（2010）分析红壤丘陵景观表层 SOC 空间分布表现为 SOC 分布与地形和土地利用方式高度相关，随着海拔和坡度的增加而降低，高值斑块分布在低洼水田区域，低值区分布在海拔较高的果园和林地区域；蒋勇军等（2008）对岩溶流域土壤有机质含量进行空间分析，结果表明土壤有机质含量和 TN 含量空间分布与地质、地貌以及土地利用的关系密切，海拔高、碳酸盐岩地区且土地利用主要为林地的土壤有机质含量较高，土壤 TN 在坡度较大地貌区降低，海拔较高、坡度小的平坝地区呈增加趋势；Zhong and Xu（2009）对地形因素与 SOC 关系的研究表明，SOC 密度与河网密度呈正相关，但与流域坡度和高程呈负相关，且 SOC 估计和 DEM 数据结合可以提高对 SOC 与地形、地貌特征关系的认识和估计。孙文义等（2011）基于地形和土地利用因素对黄土丘陵沟壑区小流域 SOC 变异影响因素进行了分析，结果表明地形因素对 SOC 含量空间分布有显著，峁顶 SOC 含量偏低，沟底较高。综上可知，土壤养分含量与地形、地貌因素的关系因研究区域特点而异，SOC 和 TN 含量的空间变异受海拔高度、地形特点、母质、河网等内在因素影响，且差异显著。黄土丘陵沟壑区、红壤丘陵区均表现为高海拔地区 SOC 含量低，而云南岩溶区土壤肥力表现为高海拔、碳酸盐岩区较高，与本研究结果基本一致。

SOC 和 TN 的空间变异特征与人类社会活动关系密切。第一，近年来，元阳地区实行封山育林，研究区域高海拔地区天然林木生长状况良好，枯落物形成的有机质丰富，加之下游梯田地区的灌溉水源来自森林蓄积，使得高海拔地区 SOC 含量明显高于下游；第二，研究区域是少数民族聚集地，其长期形成的特有常规稻品种的吸肥特性、及施肥模式与低海拔地区差异较大，导致高海拔地区与低海拔间土壤养分空间变异大；第三，研究区域为冬水田，稻田休闲，水稻根茬经淹水进行嫌气分解，有利于生物固氮，加之灌溉水引入养分，能在一定程度增加 SOC 和 TN 含量。因此，对西南梯田地区应当根据区域肥力选择合适的水稻品种结构，并根据土壤养分情况制定合理的施肥策略，以提高耕地资源的可持续利用能力，保障生态脆弱区粮食安全。

参考文献

陈丽莎，陈志良，肖举强 . 2010. 不同农业用地对土壤中氮影响的研究进展 [J]. 环境污染与防治，32（12）：72-74.

程琨，潘根兴，田有国，等 . 2009. 中国农田表土有机碳含量变化特征——基于国家耕地土壤监测数据 [J]. 农业环境科学学报，28（12）：2 476-2 481.

杜满义，范少辉，漆良华，等 . 2010. 不同类型毛竹林土壤碳、氮特征及其耦合关系 [J]. 水土保持学报，24（4）：198-201.

方恺 . 2015. 足迹家族：概念 / 类型、理论框架与整合模式 [J]. 生态学报，35（6）：1-17.

国务院第二次全国土地调查领导小组办公室 . 2007. 第二次全国土地调查培训教材 [M]. 北京：中国农业出版社 .

黄俊 . 2016. 非农就业、种植规模与化肥施用——基于农村固定观察点数据的实证研究 [D]. 南京：南京农业大学 .

蒋勇军，章程，袁道先 . 2008. 岩溶区土壤肥力的空间变异及影响因素——以云南小江流域为例 [J]. 生态学报，28（5）：2 288-2 299.

李洁静，潘根兴，李恋卿，等.2009.红壤丘陵双季稻稻田农田生态系统不同施肥下碳汇效应及收益评估 [J].农业环境科学学报，28（12）：2 520-2 525.

李小涵.2008.不同耕作模式与施肥处理对土壤碳氮的影响 [D].杨凌：西北农林科技大学.

李香兰，徐华，蔡祖聪.2008.稻田 CH_4 和 N_2O 排放消长关系及其减排措施 [J].农业环境科学学报，27（6）：2 123-2 130.

刘巽浩，徐文修，李增嘉，等.2013.农田生态系统碳足迹法：误区、改进与应用——兼析中国集约农作碳效率 [J].中国农业资源与区划，34（6）：1-7.

逯非，王效科，韩冰，等.2010.稻田秸秆还田：土壤固碳与甲烷增排 [J].应用生态学报，21（1）：99-108.

逯非，王效科，欧阳志云，等.2008.中国农田施用化学氮肥的固碳潜力及其有效性评价 [J].应用生态学报，19（10）：2 239-2 250.

鲁如坤.2000.土壤农业化学分析方法 [M].北京：中国农业科技出版社.

吕国红，王笑影，张玉书，等.2010.农田土壤碳氮及其与气象因子的关系 [J].农业环境科学学报，29（8）：1 612-1 617.

米松华，黄祖辉，朱奇彪，等.2014.农户低碳减排技术采纳行为研究 [J].浙江农业学报，26（3）：797-804.

秦树平，胡春胜，张玉铭.2011.氮足迹研究进展 [J].中国生态农业学报，19（2）：462-467.

史利江，郑丽波，梅雪英，等.2010.上海市不同土地利用方式下的土壤碳氮特征.应用生态学报，21（9）：2 279-2 287.

孙维侠，史学正，于东升，等.2004.我国东北地区土壤有机碳密度和储量的估算研究 [J].土壤学报，41（2）：298-300.

孙文义，郭胜利，宋小燕.2010.地形和土地利用对黄土丘陵沟壑区表层土壤有机碳空间分布影响 [J].自然资源学报，25（3）：443-453.

沈其荣.2007.土壤肥料学通论 [M].北京：高等教育出版社.

史磊刚，陈阜，孔凡磊，等.2011.华北平原冬小麦——夏玉米种植模式碳足迹研究 [J].中国人口·资源与环境，21（9）：93-98.

孙文义，郭胜利.2011.黄土丘陵沟壑区小流域土壤有机碳空间分布及影响因素 [J].生态学报，31（4）：1 604-1 616.

唐国勇，黄道友，黄敏，等.2010,红壤丘陵景观表层土壤有机碳空间变异特点及

其影响因子 [J]. 土壤学报，47（4）：753-759.

王绍强，刘纪远 . 2002. 土壤碳蓄积量变化的影响因素研究现状 [J]. 地球科学进展，17（4）：528-534.

王绍强，周成虎，李克让，等 . 2000. 中国土壤有机碳库及空间分布特征分析 [J]. 地理学报，55（5）：533-544.

王淑平，周广胜，高素华，等 . 2003. 中国东北亚带土壤活性有机碳的分布及其对气候变化的响应 [J]. 植物生态学报，27（6）：780-785.

王书伟，颜晓云，林静慧，等 . 2010. 不同土地利用方式下三江平原东北部土壤有机碳和全氮分布规律 [J]. 土壤，42（2）：190-199.

王效科，欧阳志云，肖寒，等 . 2000. 中国水土流失敏感性分布规律及其区划研究 [J]. 生态学报，21（1）：14-19.

王淳，周卫，李祖章，等 . 2012. 不同施氮量下双季稻连作体系土壤氨挥发损失研究 [J]. 植物营养与肥料学报，18（2）：349-358.

王占彪，陈静，张立峰，等 . 2016. 河北棉花生产碳足迹分析 [J]. 棉花学报，28（6）：594-601.

吴家梅，彭华，纪雄辉，等 . 2010. 稻草还田方式对双季稻田耕层土壤有机碳积累的影响 [J]. 生态环境学报，19（10）：2 360-2 365.

肖玉 . 2005. 中国稻田生态系统服务功能及其经济价值研究 [J]. 北京：中国科学院地理科学与资源研究所 .

谢瑞芝，李少昆，李小君，等 . 中国保护性耕作研究分析——保护性耕作与作物生产 [J]. 2007. 中国农业科学，40（9）：1 914-1 924.

许泉，芮雯奕，何航，等 . 2006. 不同利用方式下中国农田土壤有机碳密度特征及区域差异 [J]. 中国农业科学，39（12）：2 505-2 510.

许泉，芮雯奕，刘家龙，等 2006. 我国农田土壤碳氮耦合特征的区域差异 [J]. 生态与农村环境学报，22（3）：57-60.

徐尚起，黄光辉，李永，等 . 2011. 农业措施对农田土壤碳影响研究进展 [J]. 中国农学通报，27（8）：259-264.

许信旺，潘根兴，孙秀丽，等 . 2009. 安徽省贵池区农田土壤有机碳分布变化及固碳意义 [J]. 农业环境科学学报，28（12）：2 551-2 558.

徐香兰，张科利，徐宪立，等 . 2003. 黄土高原地区土壤有机碳估算及其分布规律分析 [J]. 水土保持学报，17（3）：13-15.

薛建福 . 2015. 耕作措施对南方双季稻田碳、氮效应的影响 [D]. 北京：中国农业大学 .

薛志婧，侯晓瑞，程曼，等 . 2011. 黄土丘陵区小流域尺度上土壤有机碳空间异质性 [J]. 水土保持学报，25（3）：160-163.

尤孟阳，李海波，韩晓增 . 2010. 土地利用变化与长期施肥对黑土有机碳密度的影响 [J]. 水土保持学报，24（2）：155-159.

展茗，曹凑贵，汪洋，等 . 2010. 不同稻作模式下稻田土壤活性有机碳变化动态 [J]. 应用生态学报，21（8）：2 010-2 016.

张超超，黄仁 . 1999. 我国丘陵山区建设高标准基本农田的几个问题探讨 [J]. 农业经济问题，（10）：44-47.

张永强，唐艳鸿，姜杰 . 2006. 青藏高原草地生态系统土壤有机碳动态特征 [J]. 中国科学 D 辑：地球科学，36（12）：1 140-1 147.

张建杰，张强，杨治平，等 . 2010. 山西临汾盆地土壤有机质和全氮的空间变异特征及其影响因素 [J]. 土壤通报，41（4）：839-845.

周焱，徐宪根，阮宏华，等 . 2008. 武夷山不同海拔高度土壤有机碳矿化速率的比较 [J]. 生态学杂志，27（11）：1 901-1 907.

Alvarez R, Steinbach H. 2009. A review of the effects of tillage systems on some soil physical properties, water content, nitrate availability and crops yield in the Argentine Pampas[J]. Soil and tillage research, 104（1）：1-15.

Banger K, Tian H, Lu C. 2012. Do nitrogen fertilizers stimulate or inhibit methane emissions from rice fields? Global Change Biology, 18（10）:3 259-3 267.

Banik A, Sen M, Sen S. 1996. Effects of inorganic fertilizers and micronutrients on methane production from wetland rice（*Oryza sativa* L.）. Biology and fertility of soils, 21（4）:319-322.

Belder P, Bouman B A M., Cabangon R, et al., 2004. Effect of water-saving irrigation on rice yield and water use in typical lowland conditions in Asia[J]. Agricultural Water Management, 65（3）：193-210.

Bouman B A M, Tuong T P. 2001. Field water management to save water and increase its productivity in irrigated lowland rice[J]. Agricultural Water Management, 49（1）：11-30.

Cambardella C A, Moorman T B, Novak JM, et al., 1994. Field-scale heterogeneity of soil properties in central low a soils[J]. Soil Science Society Of America Journal 58, 1501-1511.

Cai Z., Shan Y., Xu H. 2007. Effects of nitrogen fertilization on CH4 emissions from rice fields[J]. Soil Science and Plant Nutrition, 53 (4) : 353-361.

Chen S, Huang Y, Zou J. 2008. Relationship between nitrous oxide emission and winter wheat production[J]. Biology and Fertility of Soils, 44 (7) : 985-989.

Chen Z, Fu C, Zhang H, et al., 2016. Effects of nitrogen application rates on net annual global warming potential and greenhouse gas intensity in double-rice cropping systems of the Southern China[J]. Environmental Science and Pollution Research, 23 (24) : 2 4781-2 4795.

Cheng K, Pan G, Smith P, et al., 2011. Carbon footprint of china's crop production— an estimation using agro-statistics data over 1993–2007[J]. Agriculture Ecosystems & Environment, 142 (3-4) : 231-237.

Choudhary M A, Akramkhanov A, Saggar S. 2002. Nitrous oxide emissions from a New Zealand cropped soil : tillage effects, spatial and seasonal variability[J]. Agriculture, Ecosystems & Environment, 93 (1-3) : 33-43.

Feng S, Tan S, Zhang A, et al., 2011. Effect of household land management on cropland topsoil organic carbon storage at plot scale in a red earth soil area of South China[J]. Journal of Agricultural Science, 149 (5) : 557-566.

Galloway J N, Townsend A R, Erisman J W. 2008. Transformation of the nitrogen cycle : recent trends, questions, and potential solutions[J]. Science, 320 (5878) : 889-892.

Gu B Leach, A M, Ma L. 2013. Nitrogen footprint in China : Food, energy, and nonfood goods[J]. Environmental Science and Technology, 47 (16) : 9 217-9 224.

Guinée J B, Gorrée M, Heijungs R, et al., 2002. Life Cycle Assessment : An Operational Guide to the ISO Standards[M]. Dordrecht, The Netherlands : Kluwer Academic.

Han F P, Hu W, Zheng J Y, et al., 2010. Estimating soil organic carbon storage and distribution in a catchment of Loess Plateau, China[J]. Geoderma, 154 (3-4) : 261-266.

Hedges L V, Gurevitch J, Curtis P S. 1999. The Meta-analysis of response ratios in experimental ecology[J]. Ecology, 80 (4) : 1 150-1 156.

Huang M, Zou Y, Feng Y, et al., 2011. No-tillage and direct seeding for super hybrid rice production in rice–oilseed rape cropping system[J]. European Journal of Agronomy, 34(4):278-286.

IPCC (Intergovernmental Panel on Climate Change). 2006. 2006 IPCC Guidelines for National Greenhouse Gas Inventories[R]. Hayama : Institute for Global Environmental Strategies.

Kim D G, Hernandez-Ramirez G, Giltrap D. 2013. Linear and nonlinear dependency of direct nitrous oxide emissions on fertilizer nitrogen input : A meta-analysis[J]. Agriculture, Ecosystems & Environment, 168 : 53-65.

Lal R. 2004. Carbon emission from farm operations[J]. Environment International, 30 : 981–990.

Lal R. 2004. Soil carbon sequestration impacts on global climate change and food security[J]. Science, 304 : 1 623-1 627.

Leip A, Weiss F, Lesschen J P. 2014. The nitrogen footprint of food products in the European Union[J]. Journal of Agricultural Science and Technology, 152 : 20–33.

Li D, Liu M, Cheng Y, et al., 2011. Methane emissions from double-rice cropping system under conventional and no tillage in southeast China[J]. Soil & Tillage Research, 113(2) : 77-81.

Linquist B, van Groenigen K J, Adviento-Borbe M A, et al., 2012. An agronomic assessment of greenhouse gas emissions from major cereal crops[J]. Global Change Biology, 18(1) : 194-209.

Lu J, Ookawa T, Hirasawa T. 2000a. The effects of irrigation regimes on the water use, dry matter production and physiological responses of paddy rice[J]. Plant and Soil, 223(1) : 209-218.

Lu W F, Chen W, Duan B W, et al., 2000b. Methane Emissions and Mitigation Options in Irrigated Rice Fields in Southeast China[J]. Nutrient Cycling in Agroecosystems, 58(1) : 65-73.

Ma J, Ma E, Xu H, et al., 2009. Wheat straw management affects CH_4 and N_2O emissions from rice fields[J]. Soil Biology and Biochemistry, 41(5) : 1 022-1 028.

Malhi S S, Lemke R. 2007. Tillage, crop residue and N fertilizer effects on crop yield, nutrient uptake, soil quality and nitrous oxide gas emissions in a second 4-yr rotation cycle[J]. Soil and Tillage Research, 96 (1–2)：269-283.

Minamikawa K, Sakai N. 2005. The effect of water management based on soil redox potential on methane emission from two kinds of paddy soils in Japan[J]. Agriculture, Ecosystems & Environment, 107 (4)：397-407.

Moldanová J, Grennfelt P, Jonsson Å. 2011. Nitrogen as a threat to European air quality[C]. The European Nitrogen Assessment New York. Cambridge University Press.

Olesen J E, Bindi M. 2002. Consequences of climate change for European agricultural productivity, land use and policy[J]. European Journal of Agronomy, 16 (4)：239-262.

Pathak H, Jain N, Bhatia A. 2010. Carbon footprints of Indian food items[J]. Agriculture Ecosystems & Environment, 139 (1)：66–73.

Pierer M, Winiwarter W, Leach A M. 2014. The nitrogen footprint of food products and general consumption patterns in Austria. Food Policy, 49 (1)：128-136.

Post W M, Emanuel W R, Zinke P J, et al., 1982. Soil carbon pools and world life zones[J]. Nature, 298 (5870)：156-159.

Qin Y, Liu S, Guo Y, et al., 2010. Methane and nitrous oxide emissions from organic and conventional rice cropping systems in Southeast China[J]. Biology and Fertility of Soils, 46 (8)：825-834.

Ramasamy S, ten Berge H F M, Purushothaman S. 1997. Yield formation in rice in response to drainage and nitrogen application[J]. Field Crops Research, 51 (1–2)：65-82.

Reich P B, Walters M B, Tjoelker M G, et al., 1998. Photosynthesis and respiration rates depend on leaf and root morphology and nitrogen concentration in nine boreal tree species differing in relative growth rate[J]. Functional Ecology, 12：395-405.

Schimel J. 2000. Global change：Rice, microbes and methane[J]. Nature, 403：375-377.

Sefeedpari P, Ghahderijani M, Pishgar-Komleh S H, 2013. Assessment the effect of wheat farm sizes on energy consumption and CO_2 emission[J]. Journal of Renewable and Sustainable Energy, 5 (2)：604-608.

Sefeedpari P, Ghahderijani M, Pishgar-Komleh S H. 2013. Assessment the effect of wheat farm sizes on energy consumption and CO_2 emission[J]. Journal of Renewable and Sustainable Energy, 5：23-131.

Soil Survey Staff. 1993. Soil Survey Manual[M]. Washington, D. C. : Government Printing Office.

Stocker T F, Qin D, Plattner G K. 2013. The Physical Science Basis. Contribution of Working Group I to the Fifth Assessment Report of the Intergovernmental Panel on Climate Change[J]. Cambridge : Cambridge University Press .

Sutton M A, Oenema O, Erisman J W. 2011. Too much of a good thing[J]. Nature : 7342 : 159-161.

Tabbal D F, Bouman B A M, Bhuiyan S I, et al., 2002. On-farm strategies for reducing water input in irrigated rice ; case studies in the Philippines[J]. Agricultural Water Management, 56 (2) : 93-112.

Towprayoon S, Smakgahn K, Poonkaew S. 2005. Mitigation of methane and nitrous oxide emissions from drained irrigated rice fields[J]. Chemosphere, 59 (11) : 1 547-1 556.

Den Putte A V, Govers G, Diels J, et al., 2010. Assessing the effect of soil tillage on crop growth : A meta-regression analysis on European crop yields under conservation agriculture[J]. European Journal of Agronomy, 33 (3) : 231-241.

Van Groenigen J W, Velthof G L, Oenema O, et al., 2010. Towards an agronomic assessment of N_2O emissions : a case study for arable crops[J]. European Journal of Soil Science, 61 (6) : 903-913.

Wang Y Q, Zhang X C, Zhang J L, et al., 2009. Spatial variability of soil raganic carbon in a watershed on the Loess Plateau[J]. Pedosphere, 19 (4) : 486-495.

Wassmann R, Lantin R S, Neue H U, et al., 2000b. Characterization of Methane Emissions from Rice Fields in Asia. III. Mitigation Options and Future Research Needs[J]. Nutrient Cycling in Agroecosystems, 58 (1) : 23-36.

Wei J B, Xiao D N, Zhang X Y, et al., 2008. Topography and land use effects on the spatial variation of soil organic carbon : a case study in a tipical small watershed of the black soil region in Northeast China[J]. Eurasian Soil Science, 41 (1) : 39-47.

West T O, Marland G. 2003. Net carbon flux from agriculture : Carbon emissions, carbon sequestration, crop yield, and land-use change[J]. Biogeochemistry, 63 (1) : 73-83.

WRI. 2010. Product Accounting and Reporting Standard. Draft for Stakeholder

Review[J]. World Resources Institute and World Business Council for Sustainable Development.

Xu Y, Nie L, Buresh R J, et al., 2010. Agronomic performance of late-season rice under different tillage, straw, and nitrogen management[J]. Field Crops Research, 115 (1): 79-84.

Xue J F, Pu C, Liu S L. 2016. Carbon and nitrogen footprint of double rice production in Southern China[J]. Ecological Indicators, 64: 249-257.

Xue X B, Landis A E. 2010. Eutrophication potential of food consumption patterns[J]. Environmental Science and Technology, 44 (16): 6 450-6 456.

Yan X Y, Ohara T, Akimoto H. 2003c. Development of region-specific emission factors and estimation of methane emission from rice fields in the East, Southeast and South Asian countries[J]. Global Change Biology, 9 (2): 237-254.

Zhang Z Q, Yu D S, Shi X Z, et al., 2011. Effects of prediction methods for detecting the temporal evolution of soil organic carbon in the Hilly Red Soil Region, China[J]. Environmental Earth Sciences, 64 (2): 319-328.

Zhong B, Xu Y J. 2009. Topographic effects on soil organic carbon in Louisiana Watersheds[J]. Environmental Management, 43 (4): 662-672.

Zou J, Huang Y, Zheng X, et al., 2007. Quantifying direct N_2O emissions in paddy fields during rice growing season in mainland China: Dependence on water regime[J]. Atmosphere Environment, 41 (37): 8 030-8 042.

Zou J, Huang Y, Jiang J, et al., 2005. A 3-year field measurement of methane and nitrous oxide emissions from rice paddies in China: Effects of water regime, crop residue, and fertilizer application[J]. Global Biogeochemistry Cycles, 19 (2): 2021.

Meta 分析所选文献:

代光照, 李成芳, 曹凑贵, 等. 2009. 免耕施肥对稻田甲烷与氧化亚氮排放及其温室效应的影响 [J]. 应用生态学报, 20 (9): 2 166-2 172.

蒋静艳. 2001. 农田土壤甲烷和氧化亚氮排放的研究 [D]. 南京: 南京农业大学.

李曼莉, 徐阳春, 沈其荣, 等. 2003. 旱作及水作条件下稻田 CH_4 和 N_2O 排放的观察研究 [J]. 土壤学报, 40 (6): 864-869.

秦晓波, 李玉娥, 刘克樱, 等. 2006. 不同施肥处理稻田甲烷和氧化亚氮排放特征

稻田生态服务功能及生态补偿机制研究

[J]. 农业工程学报，22（7）：143-148.

秦晓波. 2011. 减缓华中典型双季稻田温室气体排放强度措施的研究 [D]. 北京：中国农业科学院.

石生伟，李玉娥，万运帆，等. 2011a. 不同氮、磷肥用量下双季稻田的 CH_4 和 N_2O 排放 [J]. 环境科学，32（7）：1 899-1 907.

石生伟，李玉娥，李明德，等. 2011b. 不同施肥处理下双季稻田 CH_4 和 N_2O 排放的全年观测研究 [J]. 大气科学，35（4）：707-720.

石生伟，李玉娥，李明德，等. 2011c. 早稻秸秆原位焚烧对红壤晚稻田 CH_4 和 N_2O 排放及产量的影响 [J]. 土壤，43（2）：184-189.

石生伟，李玉娥，秦晓波，等. 2011d. 晚稻期间秸秆还田对早稻田 CH_4 和 N_2O 排放以及产量的影响 [J]. 土壤通报，42（2）：336-341.

唐海明，汤文光，帅细强，等. 2010. 不同冬季覆盖作物对稻田甲烷和氧化亚氮排放的影响 [J]. 应用生态学报，21（12）：3 191-3 199.

王毅勇，陈卫卫，赵志春，等. 2008. 三江平原寒地稻田 CH_4、N_2O 排放特征及排放量估算 [J]. 农业工程学报，24（10）：170-176.

袁伟玲，曹凑贵，李成芳，等. 2009. 稻鸭、稻鱼共作生态系统 CH_4 和 N_2O 温室效应及经济效益评估 [J]. 中国农业科学，42（6）：2 052-2 060.

展茗，曹凑贵，汪金平，等. 2009. 稻鸭复合系统的温室气体排放及其温室效应 [J]. 环境科学学报，29（2）：420-426.

张岳芳，郑建初，陈留根，等. 2009. 麦秸还田与土壤耕作对稻季 CH_4 和 N_2O 排放的影响 [J]. 生态环境学报，18（6）：2 334-2 338.

张岳芳，陈留根，王子臣，等. 2010. 稻麦轮作条件下机插水稻 CH_4 和 N_2O 的排放特征及温室效应 [J]. 农业环境科学学报，29（7）：1 403-1 409.

郑循华，王明星，王跃思，等. 1997. 华东稻田 CH_4 和 N_2O 排放 [J]. 大气科学，21（2）：231-238.

邹建文，黄耀，宗良纲，等. 2003. 不同种类有机肥施用对稻田 CH_4 和 N_2O 排放的综合影响 [J]. 环境科学，24（4）：7-12.

Ahmad S, Li C, Dai G, et al. 2009. Greenhouse gas emission from direct seeding paddy field under different rice tillage systems in central China[J]. Soil & Tillage Research 106（1），54-61.

Cai Z, Xing G, Yan X, et al. 1997. Methane and nitrous oxide emissions from rice paddy fields as affected by nitrogen fertilisers and water management[J]. Plant and Soil, 196 (1): 7-14.

Ma J, Li X L, Xu H, et al. 2007. Effects of nitrogen fertiliser and wheat straw application on CH_4 and N_2O emissions from a paddy rice field[J]. Australian Journal of Soil Research, 45(5): 359-367.

Jiao Z, Hou A, Shi Y, et al. 2006. Water management influencing methane and nitrous oxide emissions from rice field in relation to soil redox and microbial community[J]. Communications in Soil Science and Plant Analysis, 37(13-14): 1 889-1 903.

Jiang C, Wang Y, Zheng X, et al. 2006. Methane and nitrous oxide emissions from three paddy rice based cultivation systems in Southwest China[J]. Advances in Atmospheric Sciences, 23(3): 415-424.

Kreye C, Dittert K, Zheng X, et al. 2007. Fluxes of methane and nitrous oxide in water-saving rice production in north China[J]. Nutrient Cycling in Agroecosystems, 77(3): 293-304.

Peng S, Yang S, Xu J, et al. 2011. Field experiments on greenhouse gas emissions and nitrogen and phosphorus losses from rice paddy with efficient irrigation and drainage management[J]. Science China-Technological Sciences, 54(6): 1 581-1 587.

Qin Y, Liu S, Guo Y, et al. 2010. Methane and nitrous oxide emissions from organic and conventional rice cropping systems in Southeast China[J]. Biology and Fertility of Soils, 46(8): 825-834.

Shang Q, Yang X, Gao C, et al. 2010. Net annual global warming potential and greenhouse gas intensity in Chinese double rice-cropping systems: a 3-year field measurement in long-term fertilizer experiments[J]. Global Change Biology, 17: 2 196-2 210.

Yue J, Shi Y, Liang W, et al. 2005. Methane and Nitrous Oxide Emissions from Rice Field and Related Microorganism in Black Soil, Northeastern China[J]. Nutrient Cycling in Agroecosystems, 73(2): 293-301.

Yue L, Erda L, Minjie R. 1997. The effect of agricultural practices on methane and nitrous oxide emissions from rice field and pot experiments[J]. Nutrient Cycling in Agroecosystems, 49(1): 47-50.

Zhang A, Cui L, Pan G, et al. 2010. Effect of biochar amendment on yield and methane and nitrous oxide emissions from a rice paddy from Tai Lake plain, China[J]. Agriculture, Ecosystems & Environment, 139(4): 469-475.

Zou J, Huang Y, Jiang J, et al. 2005. A 3-year field measurement of methane and nitrous oxide emissions from rice paddies in China: Effects of water regime, crop residue, and fertilizer application[J]. Global Biogeochemistry Cycles, 19(2): 2021.

Zou J, Liu S, Qin Y, et al. 2009. Sewage irrigation increased methane and nitrous oxide emissions from rice paddies in southeast China[J]. Agriculture, Ecosystems & Environment, 129(4): 516-522.

第8章

我国稻田生态补偿机制分析

生态补偿至今没有统一的定义，但其含义和内容越来越一致。1991年版的《环境科学大辞典》将生态补偿定义为"生物有机体、种群、群落或生态系统受到干扰时，所表现出来的缓和干扰、调节自身状态使生存得以维持的能力，或者可以看作生态负荷的还原能力。综合国内相关研究成果，较为一致的看法是生态补偿是在保护、恢复和维护环境的过程中，基于自然规律和市场规律，生态环境利益的受益者向生态系统服务功能的提供者支付费用的一种制度。农业生态补偿是国家和社会对农业生产者在生产农产品的同时所生产的生态产品的生产成本给予的补偿，其目的是要实现环境利益与相关的经济利益在生态产品生产者与受益者之间的公平分配，使生态产品生产者得到应有的经济回报，受益者分担相应的生产成本。

基于上述分析，可以认为，稻田生态补偿机制就是在针对稻田生态环境的保护、恢复和维护的过程中，基于生态系统服务价值、生态保护成本、发展机会成本等，运用政府和市场手段，促进稻田保护的利益攸关方协调和博弈机制的公共制度。本章拟在分析国内外生态补偿尤其是农业生态补偿机制的基础上，提出我国稻田生态补偿的策略、标准和激励机制。

8.1 国内外农业生态补偿机制构建的实践与探索

8.1.1 国内农业生态补偿机制实践与探索

健全农业生态环境补偿制度，是发达国家的普遍做法，符合世贸组织农业协议绿箱政策，应成为我国农业发展政策的重点方向和重要内容。党的十七届三中全会决定明确指出，"要健全农业生态环境补偿制度，形成有利于保护耕地、水域、森林、草原、湿地等自然资源和物种资源的激励机制"。党的十八大将生态文明建设摆在总体布局的高度，并首次把"美丽中国"作为建设生态文明的宏伟目标；党的十八大报告明确要求建立反映市场供求和资源稀缺程度、体现生态价值和代际补偿的资源有偿使用制度和生态补偿制度。党的十八届三中全会也明确提出，建设生态文明，必须建立系统完整的生态文明制度体系，用制度保护生态环境。

2010 年，国务院成立了由国家发改委、财政部、国土资源部、水利部、环保部、国家林业局等 11 个部门和单位组成的条例起草小组，将研究制定生态补偿条例列入立法计划。各地区各部门也按照中央统一部署，积极探索建立生态补偿机制，逐步建立生态补偿的政策体系。尽管生态补偿试点实践已经开展了多年，但是建立生态补偿法律制度仍是一项艰巨而复杂的系统工程，事关不同主体利益。各地各部门政策规定较为分散和笼统，补偿领域和主客体不够明确，方式比较单一，资金渠道少，省际之间的补偿方式尚在探索之中。

从以往生态补偿实践看，大多集中在森林、草地、湿地、流域、水源地、矿山开发、生物多样性保护、自然保护区等领域，对于粮食生态系统重要功能挖掘及其补偿机制建立，理论研究较多，实践案例较少。近年来，生态补偿在粮食生产方面的实践不断得到应用，其中江苏、浙江等少数经济发达地区开始陆续对农户种植水稻实施生态补偿，但总体仍处于探索性实践阶段。

2007 年，北京市农业局等 6 部门印发《关于 2008 年度北京生态作物补贴的意见》，对农户在耕地内种植的小麦、牧草实行生态补贴政策。其中，小麦生态补贴标准为 600 yuan/hm^2；牧草生态补贴标准为 525 yuan/hm^2，主要目的是提高农民种植积极性，加大季节性裸露农田治理力度，实现抑制裸露、控制扬尘、保护生态的目标。

2007 年 1 月，中国与欧盟共同启动了中国—欧盟对话支持项目，苏州市相城区望亭镇新埂村成为中国—欧盟农业可持续发展及生态补偿政策研究项目 4 个示范点之一。2009 年 12 月，相城区率先出台《相城区生态补偿管理办法（试行）》，对太湖、阳澄湖 1 km 周边区域的 5 个乡镇 17 个村进行生态补偿，为苏州在全市范围开展生态补偿工作提供了实践范例。2010 年 7 月，苏州市出台了《关于建立生态补偿机制的意见（试行）》，率先在全国建立水稻生态补偿机制，对连片 66.7~666.7 hm^2、666.7 hm^2 以上的稻田，分别按 3 000 yuan/hm^2、6 000 yuan/hm^2 的标准予以生态补偿，资金由市、区两级财政各承担 50%；2013 年，苏州市调整水稻田生态补偿政策，对凡列入土地利用总体规划，经县级以上国土、农业部门确认为需保护的水稻田，按标准 6 000 yuan/hm^2 予以生态补偿，昆山则高达 12 000 yuan/hm^2，主要拨付到乡镇、村，用于生态环境的保护、修复和建设等。南京市 2012 年下发《关于建立农业生态补偿机制的实施意见》，对 33.3 hm^2 以上的水稻生产区，按照 1 500 yuan/hm^2 标准予以生态补偿；2013 年再次下发《关于建立和完善生态补偿机制的意见》，水稻生态补偿标准由 1 500 yuan/hm^2 提高到 3 000 yuan/hm^2，由市、区两级财政各承担 50%。常州市 2014 年下发《关于建立农业生态补偿机制的意见（试行）》，明确对水稻种植面积在 133.3 hm^2 以上的行政村进行补偿，其中金坛、溧阳为 750 yuan/hm^2，市财政、辖市区财政各承担 50%；武进、新北为 1 500 yuan/hm^2，市财政承担 15%、区承担 85%。

2012 年，浙江省农业厅、财政厅联合印发《关于开展浙江省粮食生产功能区水稻生态补贴试点的实施意见》，明确对粮食功能区内种植水稻实行生态补贴试点，按照 150 yuan/hm^2 的标准对省内已建成和当年在建、种植一季以上水稻的粮食功能区进行补助，主要用于粮食生产功能区的管护，包括功能区内沟、渠、路、泵站等基础设施的修复，沟渠清理、疏通以及其他公共设施的维护，补贴资金主要由省财政统一拨付。

尽管水稻生态补偿政策实施范围不大，但意义重大。第一，稳定了水稻种植面积。苏州、南京水稻面积分别从 20 世纪 90 年代初的 24 × 10^4 hm^2、18.7 × 10^4 hm^2 降至 2010 年的 8.7 × 104 hm^2、9.7 × 10^4 hm^2，降幅分别为

64% 和 48%。通过实施水稻生态补偿政策，各地特别是镇、村级组织高度重视，在遏制抛荒、撂荒，稳定水稻面积方面成效显著。2010 年以来，苏州、南京两地水稻面积一直稳定在 $8 \times 10^4 \ hm^2$ 和 $9.3 \times 10^4 \ hm^2$ 左右。第二，提高了基层服务能力。生态补偿政策进一步增加了乡（镇、街道）和村一级的项目实施经费，有助于地方聚拢资金用于农田基础设施建设、耕地质量提升、秸秆综合利用以及水稻生产保护等各个方面，提高了基层服务能力。浙江省尽管补贴标准仅为 150 yuan/hm²，但对于各地用于粮食生产功能区内公共基础设施的建设和管护等方面起到了积极作用。第三，增强了公众生态意识。尽管各地水稻生态补偿的补贴范围和标准差异较大，最高补贴达到 12 000 yuan/hm²，最低仅为 150yuan，但重要的是唤起了人们对水稻除产品价值以外的生态服务功能的重视，增强了社会公众的生态环保意识，有利于激励各级政府稳定支持水稻生产，促进经济社会与人口资源环境协调发展，为推进生态文明奠定良好的群众基础。

8.1.2　国外农业生态补偿机制实践与探索

国外并没有生态补偿这一概念，但与之相对应的是"生态或环境服务付费"，即"对在发展中对生态功能和质量所造成损害的一种补助，这些补偿的目的是提高受损地区的环境质量或者用于创建新的具有相似生态功能和环境质量的区域。

欧盟将农业生态环境保护作为欧盟共同农业政策的第二大支柱，使农业政策关注重点更多地转向环保及动物福利，而且对农村和农业发展注入大量财政资金，通过各种生态补偿形式支持和鼓励农业生产者改变农业生产经营方式和调整农业结构以在生产过程中提供更多的农业生态产品。各成员国可以制定一些规则，凡农民的生产方式对环境和风景产生积极影响的都可以给予补贴，引导农民改变有损环境的耕作方式，减轻农业生产对环境的压力。欧盟为从事农业生产活动，努力保护和改善环境、自然资源、土壤、遗传多样化，并保持自然风景和农村资源的农民提供一笔补贴。补贴以参加环保计划而造成的费用增加和收入的降低为根据。欧盟每年对一年生作物支持的上限为 600 euro/hm^2，对多年生作物为 900 euro/hm^2，对于其他土地使用为 450 euro/hm^2。

英国农林业更多强调的是生物多样性、生态性和多功能性，不仅是对食品质量和产地环境安全的保障。各种农作物需要安全官方权威环境部门的相关指令，对施肥标准进行严格把关。此外，通过一些项目计划规定措施，如要求农民在边界设置植草或树木的隔离带，在空闲地带播种小麦或者其他杂粮用于鸟类的取食，鼓励农民有意识地保持农业生态系统中的多样性。德国政府补贴内容包括：采取有机农业的形式，即整个农场的生产活动都要达到相关有机农业的要求，所生产的相关产品亦要符合相关标准；将耕地转为粗放型草场使用，降低草场的畜牧量，每公顷不得超过 14 个牲畜单位，同时大幅减少农药和化肥的使用量；对多年生植物放弃使用除草剂。

从总体上来看，江苏的苏州、南京、溧阳等地尽管也对水稻种植实施了生态补偿，但也仅仅处在只要种植水稻就享受补偿的初级阶段，对相关的农业废弃物循环利用、农田生态系统保护等行为并未考虑，尽管在稳定水稻种植面积方面起到了积极作用，但生态补偿的实质意义有限。浙江省水稻生态补偿资金量太少，只有集中使用才能体现资金在农田建设中的作用，所产生的激励作用也较为有限。但无论如何，江苏、浙江两省正式提出了水稻（稻田）生态补偿，对于开展相关理论研究以及今后建设完善的稻田生态补偿机制具有重要意义。

8.2 我国稻田生态补偿策略

8.2.1 稻田生态补偿范围

稻田生态补偿范围的划定主要基于稻田的固碳、制氧、降温、控制洪水、温室气体排放和化学污染等六大生态服务价值，结合不同区域、不同类型稻田对社会公众的环境需求的主次关系，可以将稻田类型为四大类型。

1. 山区稻田

主要生态服务功能是含蓄水源，控制洪水。代表性稻田类型为梯田、平坝田。地理区域上以西南、华南、长江中下游山区为主。市场开发手段主要是发展梯田旅游，生产高品质有机大米等生态农产品。需要补偿的关键理由是，不实施保护性开发和补偿，这部分不适合机械化操作的稻田就很有可能损毁、消失，壮观的梯田景观、中华农耕文化的代表类型、休闲旅游的好去处将不复存在。

2. 城市周边稻田

主要生态服务功能是制氧和降温。以长江中下游、华南、东北稻区为主。需要补偿的关键理由是，这部分稻田不仅对城市的空气质量关系重大，而且若不实施保护性补偿，提高耕地的机会成本，这部分稻田也将不复存在。

3. 围垦滩涂稻田

主要生态服务功能是改良土壤，以长江中下游江苏、浙江为主。需要补偿的关键理由是提高农耕利用水平，提升农业生产能力。

4. 其他类型稻田

主要生态服务功能是固碳、制氧、降温、控制洪水、温室气体排放和化学污染等六个方面，需要提升前四个方面的生态服务功能，遏制后两方面的生态服务功能。

8.2.2　稻田生态补偿基本原则

1. 公平性原则

明确生态补偿的收支方，坚持"谁开发谁保护、谁破坏谁恢复、谁受益谁补偿、谁排污谁付费"原则，稻田开发利用的受益者，有责任向提供优良生态环境的地区和人们提供适当的经济利益补偿。

2. 差异化原则

生态补偿制度的差异化，是精准政策生态目标的必然选择。要考虑不同稻田生态类型的差异，不同地区、不同阶段经济发展水平的差异，不同保护力度的差异，根据实际情况采取不同的补偿方式、不同的补偿标准。

3. 渐进性原则

鼓励有条件的地方，经济发达的地方优先发展稻田生态补偿制度。要立足实际，因地制宜选择生态补偿模式，不断完善现有各项政策措施，积极推广已有的成功经验，逐步加大补偿力度，由点到线到面，实现生态补偿的制度化、规范化。

4. 项目制原则

明确生态目标，在生态目标与补偿之间建立紧密的联系。要针对需要补偿的关键内容，设置相应的项目，综合考虑生态系统服务、保护成本以及因保护而造成的损失加以推进。如镉低积累水稻品种示范推广、稻田种养结合、秸秆还田、双减技术等生态型技术推广专项。

8.2.3 稻田生态补偿的路径选择

根据生态补偿的支付方式，生态补偿分为货币补偿、政策性补偿、智力补偿、实物补偿和项目补偿；按照补偿资金来源划分，可以分为政府补偿方式和市场补偿方式。

1. 政府补偿

从我国社会发展阶段以及生态补偿发展基础看，政府支付的补偿方式是比较容易启动并取得进展的补偿方式。政府补偿机制是以国家或上级政府为实施和补偿主体，以所辖下级政府或稻农为补偿对象，以生态安全、粮食安全、可持续发展等为目标，以政策性补贴、生态型项目等为手段的补偿方式。

（1）公共生态补偿政策 按照公平性、渐进性等原则，中央财政在全国范围内、地方财政在所辖范围内，依据一定的标准，如补贴 $150yuan/hm^2$ 等，对全部稻田进行补贴，财力弱的可以少补贴，财力好的予以多补贴。稻田生态补偿可以是象征性的技术性补贴政策，从而唤起全社会对稻田生态功能的重视。

（2）绿色品种和技术补贴 第一，绿色品种选育与推广。绿色超级稻研究将具有绿色性状,指抗 2~3 种主要病虫害、氮磷营养高效利用、节水抗旱、优质高产的水稻新品种,作为绿色超级稻;湖南省加强重金属污染耕地修复及农作物种植结构调整试点,提出加强镉低积累水稻品种筛选与选育,可以作为财政资金补贴对象,加以重点推广。第二,绿色技术研发与推广。不同育秧、灌溉、移栽环节技术发展以及氮肥施用量增加均会对稻田生态服务价值产生影响。相关研究也发现,秸秆还田后通过土壤耕作可以充分混合作物秸秆与土壤,促进秸秆分解转化,减少以 CO_2 的形式释放到大气中去。因此,可以通过对农民进行补偿,约定农民采用秸秆还田、化肥农药减施、旱育秧、湿润灌溉等对减少碳排放的种植技术措施进行补偿激励,减少化肥、农药等物资的投入。

2. 市场补偿

交易的对象可以是生态环境要素的权属,也可以是生态环境服务功能,或者是环境污染治理的绩效或配额。通过市场交易或支付,兑现生态(环境)服务功能的价值。从美学、科学、文化、娱乐和经济的观点看,稻田生态环境的价值在日益增长。

(1)收入反哺 农业旅游、有机等高档大米开发带来的收益,反哺农户形成了新的"以市场为依托的生态补偿方式"。近年来梯田旅游得到了一定程度发展,如云南哈尼梯田、广西龙脊梯田、浙江云和梯田的旅游开发等,其旅游收入应补偿一部分给从事梯田种植的农户,以促进梯田的保护。梯田既是农耕文化的传承,也是一种优质旅游资源,可以带动就业、增加收入;有的地方对流域、区域环境资源进行整理,进而开发高档绿色、有机大米等农产品,开发公司应对种植农户给予一定补偿。

(2)实施碳交易 农业既是碳源也是碳汇,可以实现碳排放的"以农补工"。如据美国环境保护署(EPA)2009 年报告,2007 年美国温室气体排放总量为 7 150.1Tg CO_2 eq,其中农业排放为 413.1 Tg CO_2 eq,但整个农业系统固碳达到 1 062.6 Tg CO_2 eq,不但完全抵消了农业自身排放,而且使美国温室气体净排放降低为 6 087.5 Tg CO_2 eq。因此,政府除了直接的生态补偿之外,引导有减排需求的企业与农户进行碳交易,也是稻田固碳减排生态补偿

途径。我国稻田固碳减排的碳交易已有成功案例。据报道，宁夏农林科学院
与美国阿凯迪亚生物科技公司达成碳交易协议，碳交易的主要技术模式是稻
田优化施肥减少农田 N_2O 排放。目前双方已合作确定了《水稻田 N_2O 排放
的方法学构建及交易基准线》，该方法学已通过联合国批准。四川南充与美
国环保协会实施了农村温室气体减排交易项目，主要是推广使用稻田免耕技
术和沼气。2008—2011 年仪陇和西充两县已实施稻田免耕 2×10^4 hm^2，推
广沼气池 30 000 口，累积减排量超过 5×10^4 t，获得 25×10^4 dollar 碳交易
费用。

8.3 我国稻田生态补偿的标准

对于农业生态补偿标准的研究，目前已逐步趋向于公认的方法，即以农
户机会成本为下限，以农业生态系统服务价值为上限，综合考虑稻田生态保
护、生态服务等直接和间接成本，考虑区域补偿主体的支付能力和支付意愿
及补偿客体的参与意愿和受偿意愿，通过协商和博弈，最终确定稻田生态补
偿标准。

8.3.1 稻田生态服务价值

本研究测算，我国稻田生态服务价值总量呈现波动上升趋势，2014 年
生态服务价值总量达到 23 712.5 $\times 10^8$ yuan，比 1980 年增加 36.5%，折合
10×10^4 yuan/hm^2。

Kim 等（2006）对韩国稻田净化大气、降低气温等生态服务功能进行了
分析评价，估算韩国稻田生态服务价值总量为 33.9~167.3 $\times 10^8$ dollar，若
按照 2006 年韩国水稻种植面积 95.5 $\times 10^4$ hm^2、人民币兑美元汇率 1：7.8
计算，折合 2.8~13.7 $\times 10^4$ yuan/hm^2。

Natuhara 等（2013）分析了日本稻田系统控制洪水、保持水土等 8 种
主要生态服务功能，测算稻田生态服务价值总量达 728 $\times 10^8$ dollar。若按照
2013 年日本水稻种植面积 159.9 $\times 10^4$ hm^2、人民币兑美元汇率 1：6.2 计算，

折合 28.2×10^4 yuan/hm^2。

8.3.2　消费者支付意愿

据本研究调查，南京市民对水稻生态补偿机制的认知程度较高，在受访的 383 人中愿意支付的概率为 90.6%；以每 kg 大米愿意支付的生态补偿费用计，平均值为 0.54 yuan/kg，若按照每公顷为 6 000 kg 大米计算，则愿意支付的生态补偿费用达到 216 yuan。

中国台湾学者利用条件价值法评估了稻田降温价值，受访者对稻田夏季降温功能的平均支付意愿为 138 dollar，合计降温价值为 9.61×10^8 dollar（Huang et al., 2006）。

8.3.3　国内生态型技术补贴

我国开展农业技术补贴尤其是生态型技术补贴的起步晚、资金少、力度小、覆盖面窄。从中央财政来看，与生态性技术补贴相关的政策主要包括：一是深松整地。从 2013 年开始，财政部、农业部决定对在东北、黄淮海等适宜地区开展的秋季农机深松整地作业进行补助试点，2015 年扩大到适宜地区实行农机深松整地作业补助，具体补助标准由各省依据本地作业模式、成本费用、农民意愿等因素自主确定，从 225 yuan/hm^2 到 600 yuan/hm^2 不等。二是耕地质量改善。2015 年中央财政安排 8×10^8 yuan 资金，鼓励和支持秸秆还田，加强绿肥种植，增施有机肥，改良土壤，培肥地力，促进有机肥资源转化利用，改善农村生态环境。三是低毒生物农药。农业农村部从 2011 年开始实施低毒生物农药示范补贴项目，2015 年安排 996×10^4 yuan，补助农民因采用低毒生物农药而增加的用药支出，鼓励和带动低毒生物农药的推广应用。

从地方财政来看，经济发达地区资金投入要大些。在秸秆还田方面，江苏省从 2013 年开始实行秸秆还田补助，初始标准是 150 yuan/hm^2，2014 年起提高到 300 yuan/hm^2，省补资金直接发放到实施秸秆机械化还田作业的农机服务组织或作业户手中；浙江省金华市浦江县从 2015 年开始对秸秆还田

$6.7\ hm^2$ 以上的大户有 $750\ yuan/hm^2$ 的补贴；安徽省 2015 年出台《关于推进农作物秸秆禁烧和综合利用工作的意见》，规定小麦、玉米、油菜按照 300 $yuan/hm^2$、水稻按照 $150\ yuan/hm^2$ 的标准实施秸秆禁烧和综合利用奖补。在统防统治方面，江苏省从 2012 年开始实施水稻全承包专业化统防统治用工补贴项目，启动试点为张家港市、扬州市邗江区，2013 年，扩大到全省 17 个县（市、区），补贴环节为用工补贴，补贴标准为 $600\ yuan/hm^2$，补贴对象为与专业化服务组织签订服务协议的农户。在有机肥补贴方面，江苏省从 2006 年开始试点有机肥补贴试验示范，2012 年，开始实施商品有机肥推广应用补贴项目，补贴标准为 $150\ yuan/t$，全省商品有机肥推广应用补贴实施规模约 $35 \times 10^4\ t$，零售不高于 $520\ yuan/t$，省级财政补贴资金直接补贴给农民，即农户在购买有机肥时支付金额不超过 $370\ yuan/t$。浙江省从 2011 年开始，省财政对推广应用商品有机肥工作做得好、当地补贴资金落实的县（市、区）给予补助，省补助标准为经济欠发达地区 $200\ yuan/t$、其他地区 $150yuan/t$。补贴对象为施用商品有机肥相对集中连片面积 $3\ 000\ hm^2$ 以上且与农民建立紧密利益联结机制的规范性农民专业合作社、种植大户和农业龙头企业等规模化主体，择优选择。

因此，稻田生态补偿的补贴标准应该在细分稻田生态系统服务功能价值的基础上，依据标的实际情况，综合考虑稻田生态保护、维护等直接和间接成本，以及消费者、支付者等支付意愿和能力，通过协商与博弈，确定出合理的支付标准。

8.4 我国稻田生态补偿的激励机制

建立涵盖稻田生态利益攸关方的激励机制，才能建立有效、可持续的补偿机制。简单地划分，主要包括三个方面，即中央及各级政府、社会公众、农民（稻田承包方，也可能是村集体）。

8.4.1　对农户的激励

农户是稻田生产的主体。没有有效的激励，难以促进农民对当地农田生态环境的保护和生态友好型利用，特别是减少化肥和农药的过度施用，以及秸秆还田等。从理论上看，当环境还属于一种发展经济的资源可以利用的时候，强制要求稻农秸秆还田、减施化肥、减喷农药是不公平的。从不考虑环境的角度看，从农民利益最大化的角度看，秸秆焚烧，高肥水药投入下的高产量符合省工省力、收入增加。因此，在农户缺乏环境友好型农业生产积极性的情况下，需要合理的补贴予以激励，才能促使农户采用生态友好型生产技术。在激励标准上，只有当来自政府或市场的补贴标准大于农户的受偿额度时，才能激励农户把环境友好型农业生产的潜在需求变成现实选择。

激励的途径主要有：一是政府补贴。包括普遍性的、对所有稻田实施的生态补偿，针对特定生态型项目，包括秸秆还田、减肥减药、有机肥使用等；二是市场补贴。包括稻田开发后，来自市场的就业收入，如梯田旅游带来的农家乐饭店、导游讲解，或者是转移收入，如开发企业支付承包款给村镇集体，再由村镇集体转移给一家一户。

激励的方式主要有：一是政府按照一定的标准直接发放；二是采取拍卖或承包的方式，规定特定的标的物，进行公开拍卖、发包，由农户进行竞争性承包。农户从政府一方购买农业生态产品，并按照与政府所签订的农业生态保护合同的义务，为社会提供或保护约定质量的生态产品，以满足社会对生态产品不断增长的需求。一般而言，第二种方式的实施效果一般好于第一种。

8.4.2　对社会公众的激励

对社会公众的激励，也就是对所有消费者、支付者的激励，从这个层面看，直接从事生产的农户也是一个消费者。政府补贴，是由所有纳税人的钱集中起来的，特别是征收生态补偿税，更需要得到所有消费者的理解和支持。因此，对社会公众的激励也十分重要。

激励的主要内容：一是清新的空气。二是洁净的河流。三是安全的农产品。四是稻田创意农业的美感。从总体上看，社会公众所需要的激励内容，也是政府宏观管理的目标。

8.4.3　对政府的激励

对政府的激励，就是要达到使政府充分认识到，实施稻田生态补偿对政府宏观政策实现是有效和可持续的，有利于国民经济社会发展目标的实现。如"十三五"规划纲要草案提出，要深入实施大气、水、土壤污染防治行动计划，加强生态保护和修复。单位国内生产总值用水量、能耗、CO_2 排放量分别下降 23%、15%、18%，森林覆盖率达到 23.0%。治理大气雾霾取得明显进展，地级及以上城市空气质量优良天数比率超过 80%、地表水质量达到或好于 Ⅲ 类水体比例超过 70% 等目标。在上述指标中，旱育秧代替水育秧、湿润灌溉代替大水漫灌、秸秆还田替代秸秆焚烧、减肥减药技术等，都可能发挥重要作用。

总之，通过对三者的激励，提高其积极性，才能确保三方各负其责、各司其职，形成完整的生态补偿链条。

8.5　促进稻田生态补偿机制实施的对策

8.5.1　加强宣传

稻田生态补偿是一个全新的理念，要加强水稻生态补偿的科普及宣传教育力度，引导全社会重新认识水稻在保护生态环境、促进环境友好方面的重要作用，不断提升全社会生态安全意识。对农户而言，经济激励必须与教育相结合，才能加强补偿政策的实施效果，如在给予农民经济补偿的同时，必须向农民解释清楚当地稻田的主要生态服务功能，并教授其环境友好的绿色生产技术，使他们自觉约束自己，从而更愿意保护生态环境，在生产中为生态环境服务。对社会公众来说，同样需要让他们清楚稻田的主要生态功能，以及在日常生活中所发挥的作用，同时也愿意为保护稻田生态系统作出贡献。对政府而言，要使他们清楚生态补偿对促进社会、经济、生态文明的重要作用。

8.5.2　加强研究

生态补偿是一个新的研究领域，生态补偿机制的建立是一项复杂而长期的系统工程，涉及生态保护和建设、资金筹措和使用等各个方面，特别是对稻田生态系统而言，往往将其归结为单一的粮食生产。为此，应进一步加强生态补偿关键问题的科学研究，如生态系统服务功能的价值核算、生态补偿的对象、标准、途径与方法等。

8.5.3　积极试点

在开展理论研究的同时，尽快开展生态补偿的试点工作。在实践中发现问题，通过研究解决问题并不断总结经验，反过来再促进具体实践。基于江苏和浙江省的实践和探索，建议优先在全国划定的粮食功能区和永久农田保护区内试点建立水稻生态补偿制度，每公顷补贴 1 500 yuan，可直接补贴种粮农民，或用于基本农田建设，或用于肥、药减施等绿色生产技术示范推广等。建立在水稻生态补偿制度的基础上，与绿色增产模式相匹配，探索构建绿色补贴制度，有别于补贴空间越来越小的黄箱政策，重点支持推广高产优质、养分高效、节水抗旱、高抗病虫害的新型水稻品种，推广高产节肥、农药减量、节水抗旱、秸秆原位还田等资源节约型生产技术，促进水稻生产实现高产高效、资源节约和环境友好。此外，还应该积极探索多元化生态补偿方式，引导有减排需求的企业与农户之间进行碳交易，尝试构建稻田固碳减排的生态补偿模式。

8.5.4　制度推进

稻田生态补偿是农业生态补偿的一种类型。农业部门要做好农业生态补偿机制方面的立法工作，包括出台农业生态补偿指导意见，适时制定农业生态补偿规章条例。在《农业生态补偿条例》中，要明确规定农业生态补偿的主体、对象、范围、标准、方式、资金来源以及保障体系等；明确规定农业生态补偿管理体制及管理机构的法律地位、管理权限、职责范围、管理方式等，使相关主体也可以明确自己的权利与义务，依据法律争取自己的正当权益。

8.5.5 监督评估

稻田生态补偿政策的实施，无论是否涉及财政资金，都应该重视运行过程的监督，以及项目运行结束的绩效评估，从而更好为调整和完善生态补偿机制提供借鉴，特别是很多生态补偿措施都是通过激励农户进行环境管理来实现生态目标的，例如环境产出质量、产出控制措施、投入品控制措施。因此，做好监督评估，有利于更持续地推进稻田生态补偿机制。

参考文献

《环境科学大词典》编委会 .1991. 环境科学大辞典 [M]. 北京：科学技术出版社 .

Kim T C, Gim U S, Kim J S, et al. 2006. The multi-functionality of paddy farming in Korea. Paddy and Water Environment, 4：169-179.

Natuhara Y. 2013. Ecosystem services by paddy fields as substitutes of natural wetlands in Japan. Ecological Engineering, 56：97-106.

Huang C C, Tsai M H, Lin W T, et al. 2006. Multifunctionality of paddy fields in Taiwan. Paddy and Water Environment, 4：199-204.